单位工程施工组织设计编写指南

胡兴国　王逸鹏　编著

武汉大学出版社

图书在版编目（CIP）数据

单位工程施工组织设计编写指南/胡兴国,王逸鹏编著.—武汉:武汉大学出版社,2013.6
ISBN 978-7-307-10839-4

Ⅰ.单…　Ⅱ.①胡…　②王…　Ⅲ.建筑工程—施工组织—设计—指南
Ⅳ.TU721-62

中国版本图书馆 CIP 数据核字(2013)第 105413 号

责任编辑:胡　艳　　　责任校对:刘　欣　　　版式设计:韩闻锦

出版发行:**武汉大学出版社**　　(430072　武昌　珞珈山)
　　　　(电子邮件:cbs22@whu.edu.cn　网址:www.wdp.com.cn)
印刷:湖北民政印刷厂
开本:787×1092　　1/16　　印张:11　字数:255 千字　　插页:1
版次:2013 年 6 月第 1 版　　　2013 年 6 月第 1 次印刷
ISBN 978-7-307-10839-4　　　定价:28.00 元

前　言

　　单位工程施工组织设计是投标文件的重要组成部分，是工程项目施工过程中的纲领性作业指导性文件，也是重要工程档案资料。

　　一份好的单位工程施工组织设计，可以反映出投标单位对投标工程的重视程度、技术实力和管理水平，也可以反映出投标单位对工程实施过程的周密策划和精心组织等，必然会为投标单位赢得好评和不错的加分。

　　一份好的单位工程施工组织设计，将使施工活动井然有序进而可提高工作效率，产生可观的经济效益，并能确保质量、进度、投资目标的实现和安全文明施工措施得到有效的落实。因此，任何施工单位和工程项目管理者都十分重视单位工程施工组织设计的编制工作。

　　在土木建筑工程相关专业的教学中，单位工程施工组织设计是重要的专业教学内容，编制单位工程施工组织设计也可作为必要的实践教学环节。

　　本书从建筑企业各级工程技术人员的实际需要和土木建筑工程相关专业教学实践需要出发，精心整理编写。可供土木建筑工程技术人员工作中参考使用，也可作为土木建筑工程相关专业的教学参考书，尤其是作为课程设计或毕业设计过程中的指导书。

　　根据单位工程施工组织设计设计阶段和编制对象的不同，单位工程施工组织设计可以划分为两类：一类是投标前编制的施工组织设计（简称标前设计），是为了满足编制投标书和签订工程承包合同的需要而编制的；另一类是签订工程承包合同后编制的施工组织设计（简称标后设计），是为了满足施工准备和施工的组织计划需要而编制的。后者又可分为三种：施工组织总设计、单位工程施工组织设计和分部工程施工组织设计。本书主要介绍标后单位工程施工组织设计。

　　本书分为3章。

　　第1章概述，主要阐述了单位工程施工组织设计的作用、内容、编制原则，重点阐述了编制程序和编制重点。

　　第2章是本书的核心内容，主要阐述了单位工程施工组织设计编制要点，主要包括：编制依据的编写，工程概况的编写，施工部署的编写，施工准备的编写，主要项目施工方法和施工机械选择的编写，施工进度计划的编写，各种需用量计划的编写，施工平面图的编写，施工技术、组织与管理措施的编写，单位工程施工组织设计主要技术经济指标的编写等。本章突出了系统性、完整性、实用性和通用性，步骤清晰，体系完整，结构规范，内容丰富；既有固定格式，还有实例摘录，供参考，供套用。

　　第3章为单位工程施工组织设计所涉及的相关内容与参考资料，收录了编制单位工程施工组织设计所需要的主要参数及图例，为编制单位工程施工组织设计提供方便。

1

附录列举了单位工程施工组织设计实例。实例内容完整且具有代表性。考虑到多专业共享,本实例以土建专业单位工程为主,同时兼顾了机电安装等专业编制单位工程施工组织设计的施工方案,供参考和借鉴。

本书在编写上追求特色鲜明、内容精练,注重理论性,更注重实用性。文字上力求表述完整而适当取舍,做到重点突出,逻辑性强。

本书由武汉大学土木建筑工程学院胡兴国和武汉科达监理咨询有限公司王逸鹏负责编写。在编写过程中,参考了行业专家、学者和同仁的著作、文章。一批长期从事建筑企业管理、施工现场工程管理和项目监理的总工程师、项目经理及项目监理人员为本书的编写提出了宝贵的意见和建议。在此深表谢意。

由于编者水平有限,书中难免有错误和不妥的地方,敬请读者见谅和批评指正。

编　者

2013 年 4 月

目　　录

第1章 概 述

单位工程施工组织设计是以单位工程（或单项工程）为对象，在施工图设计完成后，以施工图为依据，由施工承包单位负责编制，用于具体指导单位工程或单项工程施工的技术经济文件。

1.1 单位工程施工组织设计的作用

单位工程施工组织设计是施工组织总设计的具体化，也是建筑业企业进行科学化、规范化管理的基础，更是施工单位具体安排人力、物力以及各项施工工作和编制作业计划（包括制定旬施工计划、月施工计划）的重要依据。其主要作用有以下几点：

（1）是工程技术档案资料的重要组成部分，是确保单位工程和单项工程的施工顺利实施的重要保障。

（2）是贯彻执行施工组织总设计，落实施工组织总设计对单位工程和单项工程的各项要求和施工单位编制旬、月作业计划的重要依据。

（3）是以具体确定单位工程和单项工程施工方案，选择施工方法、施工机械，确定施工顺序和施工流向，提出保证施工质量、进度、成本和安全目标具体措施为前提，为施工项目管理提出技术和组织方面指导性意见的重要文件。

（4）通过编制施工进度计划，确定单位工程和单项工程的施工顺序以及各工序间的搭接关系、各分部分项工程的施工时间，以确保工期目标的实现。

（5）计算并确定各种物资、材料、机械、劳动力等各种需要量计划，为确保工程施工的顺利进行安排相应的供应提供依据。

（6）对单位工程的施工现场进行合理设计和布置，并绘制该单位工程的施工现场的平面布置图，从而达到统筹合理地利用施工现场空间和各项资源的目的。

总之，通过单位工程施工组织设计的编制和实施，使单位工程施工在施工方法、材料、机械、劳动力、资金、时间、空间等各方面得到保障，使施工在一定的时间、空间和资源供应条件下，有组织、有计划、有秩序地进行，实现质量好、工期短、消耗少、资金省、成本低的良好效果。

1.2 单位工程施工组织设计的主要组成内容

单位工程施工组织设计的内容主要包括：编制依据，工程概况及工程特点，施工部署，施工准备，主要施工方法和施工机械的选择，施工进度计划，各种需用量计划，主要施工管理措施（工期、质量、安全、消防、环保、降低成本、文明施工等），施工平面布置，主要技术经济指标等。

1.3 编制单位工程施工组织设计的资料准备

编制单位工程施工组织设计，必须准备相应的文件和施工资料以及熟悉相关情况，编制的依据主要包括：

（1）主管部门的批示文件及建设单位要求。包括上级主管部门对该项工程的有关批文和要求；建设单位的意见和对建筑施工的要求；签订的施工合同中的相关规定，如对该工程的开、竣工日期要求，质量要求，对某些特殊施工技术的要求，采用的先进施工技术，建设单位能够提供的条件等。

（2）经过会审的施工图纸。通常包括该项工程的全部施工图纸、会审记录、设计变更、相关标准图和各项技术核定单等；对较复杂的建筑设备工程，还要有设备图纸和设备安装对土建施工的具体要求；设计单位对新结构、新材料、新技术和新工艺的要求。

（3）施工组织总设计。当该单位工程为整个建设项目中的一个单体时，必须按照施工组织总设计中的有关规定和要求进行编制，以保证整个建设工程项目的完整性。

（4）建筑施工企业年度施工计划。工程的施工安排应考虑本施工企业的年度施工计划，对本施工企业的材料、机械设术管理等应有统筹的安排。

（5）工程预算文件。工程预算文件为编制施工组织设计提供了工程量和预算成本，为编制施工进度计划、进行方案比较和成本控制等提供依据。

（6）标准图集及规范、定额和规划文件等。包括国家的施工验收规范、质量标准、操作规程、建设法规、标准图集以及地方性标准图集、施工定额和地方性计价表等文件，建设项目的规划要求。

（7）各项资源供应情况。包括各项资源配备情况，如施工中需要的劳动力、施工机械和设备，主要建筑材料、成品、半成品的来源及其运输条件、运输距离、运输价格等。

（8）工程地质勘探和当地气候资料。主要包括施工现场的地形、地貌、地上与地下的障碍物、工程地质和水文地质情况、施工地区的气象资料，永久性和临时性水准点、控制线等，施工场地可利用的范围和面积，交通运输、道路情况等。

（9）建设单位可提供的条件。包括建设单位可提供的临时性房屋数量，施工用水、电的供应情况等。

（10）工程协作单位的情况。如规划部门、土地管理部门、环境卫生部门等政府部门对本工程的协作，工程建设单位、监理单位、设计单位、本施工企业的其他部门等对本工程的协作。

（11）类似工程的施工经验资料。调查和借鉴与该工程项目相类似工程的施工资料、施工经验、施工组织设计实例等。

1.4　单位工程施工组织设计的编制程序

单位工程施工组织设计的编制程序是指对施工组织设计的各组成部分形成的先后顺序。虽然单位工程施工组织设计的作用、编制内容和要求不尽相同，但其具体编制工作的程序通常包括如下几个方面：

（1）熟悉、审查设计施工图，到现场进行实地调查，并搜集有关施工资料。

（2）划分施工段和施工层，分层、分段计算各施工过程的工程量，注意工程量的单位与相应的定额单位相同。

（3）拟订该单位工程的组织机构及管理体系。

（4）拟定施工方案，确定各施工过程的施工方法；进行技术经济分析比较，并选择最优施工方案。

（5）分析拟采用的新技术、新材料、新工艺的技术措施和施工方法。

（6）编制施工进度计划，并进行多项方案比较，选择最优进度方案。

（7）根据施工进度计划和实际条件，编制原材料、预制构件、成品、半成品等的需用量计划，列出该工程项目采购计划表，并拟订材料运输方案和制订供应计划。

（8）根据各施工过程的施工方法和实际条件，选择适用的施工机械及机具设备，编制需用量计划表。

（9）根据施工进度计划和实际条件，编制总劳动力及各专业劳动力需用量计划表或劳务分包计划。

（10）计算临时性建筑数量和面积，包括仓储面积、堆场面积、工地办公室面积、临时生活性用房面积等。

（11）计算和设计施工临时供水、排水、供电、供暖和供气的用量，布置各种管线的位置和主接口的位置，确定变压器、配电箱、加压泵等的规格和型号。

（12）根据施工进度计划和实际条件设计施工平面布置图。

（13）拟订保证工程质量、降低工程成本、保证工期、冬雨期施工、施工安全和防火等方面的措施，以及施工期间的环境保护措施和降低噪声、避免扰民的措施等。

（14）主要技术经济指标的计算与分析。

1.5　单位工程施工组织设计编制的基本原则

编制单位工程施工组织设计时，应遵循施工组织总设计的编制原则，同时还应遵循如下基本原则：

1. 调查要深入，准备要充分

编制单位工程施工组织设计前，必须做好现场工程技术资料的调查准备工作，不可闭门造车，纸上谈兵。原始资料必须真实，数据要可靠，特别是水文、地质、材料供应和运输以及水电供应的资料。每个工程各有不同的施工难点，施工组织设计编制前，应着重于施工难点的资料收集。有了完整、确切的第一手资料，就可根据实际条件制定针对性强的施工方案,并能对各施工方案进行优化选择。

2. 施工准备工作与施工实施过程并重

施工准备工作包括开工前的施工准备工作和施工过程中的施工准备工作。充分的施工准备工作是顺利完成施工任务的保障和前提,它贯穿于施工过程的各个阶段,是施工管理的重要内容,在编制单位工程施工组织设计时也应引起重视。

3. 体现施工技术和施工组织措施的先进性

采用先进的施工技术和管理,是提高劳动生产率、保证工程质量、加快施工速度和降低工程成本的途径。因此,应该采用先进机械,应用新材料、新工艺、新设备与新技术,积极推进建筑业科技创新。在施工组织方面,采用流水作业方法组织施工,并运用网络计划技术,以保证施工连续、均衡、有节奏地进行,从而合理地使用人力、物力和财力,多、好、快、省、安全地完成建设任务。

当然,要结合工程特点和现场条件及企业实际,使技术的先进性、适用性和经济合理性相结合,防止单纯追求先进而忽视经济效益的形式主义做法。

4. 施工顺序安排的合理性

按照施工的客观规律和建筑产品的工艺要求,合理地安排施工顺序,是编制单位工程施工组织设计的重要原则。不论何种类型工程的施工,都有其客观规律性的施工顺序,这是必须严格遵守的。

5. 土建与设备安装密切配合、协调兼顾

要完成一个工程的施工任务,必然涉及多工种、多专业的配合。多工种、多专业的交叉作业对工程施工进展的影响较大。土建施工应为设备安装创造条件,设备安装应尽可能与土建施工形成有机衔接。另外,对于土建施工中配合设备安装需要的预留、预埋和需要预埋在建筑结构内部的水电管线等,都必须遵守密切配合、协调兼顾原则,做好周密设计,以免出现混乱而造成人力、物力浪费和经济损失。因此,单位工程的施工组织设计要有预见性和计划性,既要使各施工过程、专业工种顺利进行施工,又要使它们尽可能实现搭接和交叉,以缩短施工工期,提高经济效益。

6. 因地制宜,就地取材,厉行节约

尽量利用当地资源,合理安排运输、装卸与储存作业,减少物资运输量,避免二次搬运。尽量利用原有或就近已有设施,以减少各种临时设施的搭建。精心进行场地规划布置,节约施工用地,不占或少占农田。

7. 多方案技术经济分析比较

任何一个工程的施工都会有多种施工方案,在单位工程施工组织设计中,应对主要工种工程的施工方案和主要施工机械的作业方案进行多方案技术经济比较。根据各方面的实际情况充分论证,以选择经济合理、技术先进、符合现场实际、适合施工企业的施工方案。

8. 确保工程质量、降低工程成本和安全施工

在单位工程施工组织设计中,必须提出保障工程质量和安全施工的措施。应当有确定的施工质量、施工安全的保证体系和组织机构。应当提出具体的、切实可行的节约施工费用、降低工程成本的措施。

9. 注重节能环保

建设项目的施工是对自然环境的破坏和改造。在设计和建造的过程中，必须注重环境保护。在施工组织设计中，应制定对自然环境保护的具体措施，如建筑施工渣土的处理、建筑施工中的粉尘防护、施工过程中降低噪声的措施，以及避免或降低工程施工振动、物资的重复使用和再利用措施等。

1.6　单位工程施工组织设计的编制重点

从突出"组织"的角度出发，编制单位工程施工组织设计时，应重点编好以下三个方面重点内容：

（1）单位工程施工组织设计中的施工方案和施工方法。这一部分是解决施工中的组织指导思想和技术方法问题。在编制中，要努力做到在多方案中优化和多方法中选择更合理的方案和更有效的方法。

（2）单位工程施工组织设计中的施工进度计划。这部分所要解决的问题是工序衔接和搭接及其工序作业时间，且应能熟练地用横道图或网络图表现出来。

（3）单位工程施工组织设计中的施工平面图。这一部分的技术性、经济性都很强，还涉及许多政策和法规问题，如占地、环保、安全、消防、用电、交通、运输和文明施工等。在有限的可利用场地和空间里，如何有效地进行施工平面布置，需综合各方面因素，严格依照施工平面布置原则做好规划和安排。

总之，以上三方面重点突出了施工组织设计中的技术、时间和空间三大要素，这三者又是密切相关的，设计的顺序也不能颠倒。抓住这三方面重点，也就抓住了单位工程施工组织设计的核心。

第2章　单位工程施工组织设计编写要点

2.1　编制依据的编写

编写单位工程施工组织设计的编制依据时，应主要突出这几方面：建设工程施工招标文件和投标文件，施工合同，现行国家、行业、企业规范、规程，标准、图集，主要法规、条例、管理办法等内容，通常以表格形式表述。

1. 建设工程施工招投标文件

简要写明招标文件名称、相关要求以及投标文件名称、相关承诺。

2. 施工合同

施工合同包括合同名称、合同编号、签订日期（见表2-1）。

表2-1

序号	合同名称	编号	签订日期
1	工程总承包合同		
2	主分包合同		

3. 施工图纸（包括会审记录、设计变更）

施工图纸包括设计单位名称、建设单位及工程名称，用表列出图纸类别名称、图纸编号、出图日期，并按建筑图、结构图和专业图顺序排列（见表2-2）。

表2-2

序号	图纸名称	图纸编号	出图日期	

4. 主要规范、规程、标准、图集

分别按国家、行业、地方、企业列举，并把名称、编号或文号写清楚，必须是现行有效（见表2-3）。

表2-3

类　别	名　　称	编号或文号
国　家		
行　业		
地　方		
企　业		

5. 主要法规、条例、管理办法

分别按国家、行业、地方、企业列举，并把名称、编号或文号写清楚（见表2-3）。

6. 其他

包括地质勘察报告、企业的各项管理手册和程序文件，施工组织总设计、工程预算文件、建设单位提供的有关信息，等等；也可以列出本工程的施工依据，如工艺流程、施工规范等技术标准，下列编制依据实例摘录，仅供参考：

（1）法律、法规依据：

《中华人民共和国建筑法》、《中华人民共和国合同法》、《中华人民共和国安全生产法》、《中华人民共和国消防法》、《中华人民共和国环境保护法》、《建设工程质量管理条例》、《建设工程安全生产管理条例》、《民用建筑节能条例》、《安全生产许可证条例》。

（2）规范和标准依据：

《建设工程安全生产管理条例》、《建设工程施工质量验收统一标准》（GB50300—2001）、《建筑地基基础工程施工质量验收规范》（GB50202—2002）、《砌体工程施工质量验收规范》（GB50203—2011）、《混凝土结构工程施工质量验收规范》（GB50204—2002，2011年版）、《屋面工程质量验收规范》（GB50207—2002）、《地下防水工程质量验收规范》（GB50208—2011）、《建筑地面工程施工质量验收规范》（GB50209—2002）、《建筑装饰装修工程施工质量验收规范》（GB50201—2001）、《建筑给水排水及采暖工程施工质量验收规范》（GB50242—2002）、《通风与空调工程施工质量验收规范》（GB50243—2002）、《建筑电气工程施工质量验收规范》（GB50303—2002）、《电梯工程施工质量验收规范》（GB50310—2002）、《智能建筑工程施工质量验收规范》（GB50339—2003）、《建筑节能工程施工质量验收规范》（GB50411—2007）、《混凝土强度检验评定标准》（GB/T50107—2010），根据工程各异，在此不一一列举。

（3）合同依据：

施工总承包合同：××××××；

分包合同：××××××。

（4）设计文件依据：

设计交底：××××××；

设计图纸：××××××；

设计变更：××××××。

2.2 工程概况的编写

施工组织设计中的"工程概况"是总说明部分，是对拟建建设项目或建筑群所做的一个简单扼要、突出重点的文件介绍。工程总体概况主要包括拟建工程的工程名称、建设地点、建设单位、设计单位、监理单位、质量监督单位、施工总承包、主要分包、合同范围、合同性质、合同工期、质量目标、施工条件和建设单位要求。

通常情况下，"工程概况"用表格形式表述，一般包括四个表：工程总体概况、建筑设计概况、结构设计概况、专业设计概况（见表2-4～表2-6）。填写表格时，不应填写简称，应该按各单位公章填写单位全称，而且名称一定要和工程前期报批手续中填写的保持一致。另外，工程概况还应对工程难点与特点等因素进行分析。

有时，为了补充文字介绍的不足，还可根据情况附上以下几种示意图：周围环境条件图，用以说明四周建筑物与拟建建筑的尺寸关系、标高、周围道路、电源、水源、雨污水管道及走向、围墙位置等；工程平面图，用以说明建筑物的平面尺寸、功用及围护结构等情况；工程结构剖面图，用以介绍工程的结构高度、楼层标高、基础概况的介绍地板厚度等。

在不同类的施工组织设计中，工程概况的介绍重点应各有不同。施工组织设计中应重点介绍建设项目总体的特点、建设地区特征等内容，对单位工程的特点可做简单介绍。在单位工程施工组织设计中，应重点介绍本工程的特点以及与项目总体或其他单位工程的联系与区别。

2.2.1 工程建设概况

表2-4 　　　　　　　　　　　　　　　　**工程建设概况表**

工程名称		工程地址	
建设单位		勘察单位	
设计单位		监理单位	
质量监督部门		总包单位	
主要分包单位		建设工期	
合同工期		总投资额	
合同工程投资额		质量目标	
工程功能或用途		建 设 期	

注：可附施工现场条件图、五通一平及水电供应情况说明（根据工程实际情况而定）。

2.2.2 建筑设计概况

建筑设计概况主要应编写：拟建工程的建筑面积、平面形状、平面组合情况、层数、层高；总高度、总宽度和总长度等尺寸；工程的平面、立面和剖面简图；室内外装饰的材料要求、构造做法；楼地面材料种类、构造做法；门窗类型和油漆；天棚构造做法和设计要求；屋面保温隔热和防水层的构造做法和设计要求。可根据实际情况列表说明，常用表格形式见下表 2-5。

表 2-5　　　　　　　　　　　　　　建筑设计概况一览表

占地面积		m^2	首层建筑面积		m^2	总建筑面积	m^2
层数	地下		层高	地下	m	地上面积	m^2
	地下			首层	m	地下面积	m^2
				至层	m		
装饰	外墙						
	楼地面						
	墙面						
	顶棚						
	楼梯						
	电梯厅						
防水	地下						
	屋面						
	卫生间						
	阳台						
	雨棚						
保温节能							
绿化							
环境保护							

注：可根据实际情况附典型平、剖面图。

2.2.3　结构设计概况

结构设计概况主要应编写：基础的类型、构造特点、埋置深度等；桩基础的设置深度、桩径、间距；主体结构的类型，墙、柱、梁、板等结构构件的材料要求及截面尺寸；预制构件的类型、单件重量、安装位置；楼梯的构造形式和结构要求等。也可根据实际情况列表说明，常用表格形式见表 2-6。

表 2-6   结构设计概况一览表

地基	结构类型		桩	桩长	m，桩径		mm
基础	结构形式		整板	板厚			
主体	结构形式						
	主要结构尺寸	柱子：			梁：		
抗震设防等级			级	人防等级			级
砼强度等级 及抗渗要求	桩基			整体基础			
	墙体			梁			
	板			柱			
	楼梯			构造柱			
钢筋种类级别							
特殊结构							

2.2.4 专业设计概况

专业设计概况主要应编写：建筑给水（上水）、排水（下水）、采暖、通风、电气、空调、燃气、电梯、智能建筑等设备安装工程的设计（可根据实际情况决定是否需要说明）。

2.2.5 工程概况实例摘录

1. 场地的工程地质及水文地质情况

根据岩土工程勘察报告，基础形式为桩基和筏板基础，持力层为 5-1 层角砾岩和 5-2 层石灰岩，地下水埋深为 0.9～1.5m，地下水对混凝土无腐蚀性。

2. 工程基本情况

（1）工程总体简介。

工程名称：××医院改扩建项目（门诊部、住院部）工程；

工程地址：××省××市；

建设单位：××中心医院；

勘察单位：××勘察院；

设计单位：××设计顾问有限公司；

监理单位：武汉××监理咨询有限公司；

总承包单位：××建工集团；

施工工期：730 天；

质量目标：××省建筑优质工程××杯奖；

合同价款：16000 万元。

（2）建筑设计概况，见表 2-7。

表 2-7　　　　　　　　　　　　　　　　　建筑设计概况

序号	项目	内容			
1	建筑功能	地上 22 层主要包括以下功能用房：首层门诊、住院大厅、输液室、急诊、急救中心；裙房主要为内外科、皮肤科、检验科、中医针灸、康复治疗、眼科、耳鼻喉科、妇产科等诊室。五层为手术室，六层为 ICU 病房，七层为 NICU 病房，八层以上为各科室病房。地下一层平战结合防空地下室，为核 6 级常 6 级甲类人防物资库，防护区面积：3221m²，平时主要为车库、设备机房			
2	结构类型	主楼为框架-核心筒结构，裙楼为框架结构			
3	建筑面积	总建筑面积（m²）	50816		
		地下建筑面积（m²）	4972		
		地上建筑面积（m²）	45845		
4	建筑层数	地下一层、地上 22 层			
5	建筑层高	地下部分层高（m）	地下一层	7.2、5.4	
		地上部分层高（m）	1 层 4.8、2～5 层 4.5、6～22 层 3.7		
6	建筑高度	±0.000 相当于绝对高程（m）	21.5	室内外高差（cm）	-60
		基础深埋（m）	主楼-9；裙楼-6.4	最大基坑深度（cm）	-9
		檐口高度（m）	89.6	建筑总高（m）	98.6
7	建筑防火	一级			
8	室外装修	外墙	玻璃幕墙和干挂石材幕墙		
		门窗	断热型铝合金中空玻璃门窗		
		屋面	彩色水泥砖屋面		
9	室内装修	见工程做法表			

（3）建筑结构概况，见表2-8和表2-9。

表2-8　　　　　　　　　　　　　　　　建筑结构概况

序号	项目		内容
1	结构形式	基础结构形式	桩筏（人工挖孔桩、筏板）
		主体结构形式	主楼为框架-核心筒结构，裙楼为框架结构
2	土质、水位	土质情况	详勘察报告
		地下水位	0.9～1.5m
3	建筑场地		Ⅱ类
4	抗震等级	工程设防烈度	6度
		剪力墙结构抗震等级	二级
		局部框架结构抗震等级	三级
5	钢筋级别		HPB235、HRB335、HRB400
6	混凝土级别		详见砼强度汇总表
7	钢筋连接	$d \leqslant 22$	详见施工图
		$d > 22$	详见施工图
8	结构断面尺寸（mm）	基础垫层厚度	100
		基础底板厚度	主楼1800、裙楼800～1000
		框架柱	600×600～1100×1100
		主要墙体厚度	地上300、地下室400～700
		主要梁断面尺寸	400×700　250×550　500×1200　400×1000
		主要楼板厚度	150～200
9	地下防水	结构自防水	P6
		材料防水	3厚BAC双面自粘防水卷材

表2-9　　　　　　　　　　　　　　　　结构混凝土强度等级

部位	等级
基础垫层	C15
基础底板、地下各层梁、板	C30
一层～十八层柱	C50
十九层～二十二层柱	C40
一层～二十二层梁、板	C30
屋面梁、板	C30

（4）建筑节能概况，见表 2-10 和表 2-11。

表 2-10　　　　　　　　　　　建筑物围护结构热工性能

围护结构部位	主要保温材料名称	厚度（mm）	传热系数（W/（m²·K））	
			工程设计值	修正系数
屋面 1	挤塑聚苯板	45	0.35	1.25
墙体（包括非透明幕墙）（含热桥）	岩棉板	40	0.75	1.2
地面接触室外空气的架空层或外挑楼板	岩棉板	45	0.75	1.2

表 2-11　　　　　　　　　　　地面和地下室外墙热工性能

围护结构部位	主要保温材料名称	厚度（mm）	蓄热系数（W/（m²·K））
			修正系数
地面	无		
地下室外墙	挤塑聚苯板	25	0.32　　1.2

2.2.6　自然条件与施工环境

包括气象条件、周边道路及交通条件、场区及周边地面与地下管线等。

2.2.7　工程特点与工程难点分析

概要说明本工程建筑、结构特点、施工难点及须采取的相应措施。

2.2.8　实例摘录

1. 工程项目特点

（1）本工程为××市中心医院改扩建工程，将新建住院、门诊和综合大楼，有 22 层主楼和 5 层裙楼及地下室。主楼主体结构为框架-核心筒结构，裙楼主体结构为框架结构。采用人工挖孔桩桩基和筏板基础。

（2）本工程为多功能住院大楼和门诊、急诊大楼，地上各层为门厅、药房、结算中心、各科病房及护理单元、百级、千级和万级手术室、医技科室等用房。门诊大厅净空高达 17m、跨度达 15m。各手术室里设备基础多种多样，位置准确度要求高。本工程地下层为人防地下室，平时作为设备用房和车库。地下一层设有水泵房、不锈钢生活水池、砼消防水池、配电所、高压配电室、弱电进线间、工具室、空调机室等。停尸房和污物间设有专用电梯。

（3）本工程功能分区明确，洁污线路清楚，患者就医和检查方便。病房大楼洁净流线、污物流线和尸体出口分别设置。道路组织合理、通畅、便捷,避免各种交通流线的混杂交叉。各部门出入口和城市道路既结合紧密,又不对城市道路造成很大的影响,合理设计车行、人行(患者和医护人员)的流线。

本建筑物周边均设计了车道,车道宽度为 5m 和 7m,转弯半径为 12m,符合消防车道的要求。

设计中体现了"以人为本"的思想,适应现代医院面向社会,面向大众的发展趋势,结合医院良好的绿化景观,在主体建筑之间、建筑和城市道路之间设置绿化,创造花园式医院,还设置了无障碍设施、无障碍道路和坡道,使患者在就医的同时,体会到医院对他们的关怀。

(4)本工程立面以现代风格为主,主楼立面突出韵律感和局部的变化,裙房突出基座的稳定和厚重感,外墙装饰着深色、浅色相间的玻璃幕墙和灰色、褐色交替的花岗岩饰面,其间点缀着铝合金构架,层次丰富、大气。

(5)本工程有生化实验室、手术室、负压、重症监护、千级病房、层流病房及辅助用房、无菌品库等房间,要求净化程度高,空调系统除系统单独设置外,在施工中必须按净化空调系统安装,其难度大、要求高,每道工序必须严格把关,最后经净化检验合格才能验收。放射科的 CT 机、X 光机房及控制室、核磁共振、心血管造影室等均要满足射线防护要求,房间 6 面防护屏蔽墙体部低于 2mm 铅当量的屏蔽,操作间的铅玻璃、铅板夹芯防护门等都要符合设计要求。心电图、脑电图、磁共振都应做好房间 6 面磁波屏蔽。心电图、脑电图铜丝网屏蔽以及磁共振机房混凝土底板、顶板的配筋量必须符合屏蔽技术的特殊要求,并用 1mm 厚的铜板 6 面磁波屏蔽,电气管线、空调管道伸入主机室部分设置滤波器装置,门窗选用电磁波屏蔽门窗。

(6)根据使用功能,本工程需要输送的介质有气体和液体若干种,所用材质有无缝钢管、镀锌钢管、焊接钢管、不锈钢管、紫铜管、球墨铸铁管、机制排水铸铁管和双壁波纹排水管,管道安装工程复杂。

2. 工程项目难点分析及应对措施

(1)本工程采用人工挖孔桩桩基,桩径从 1100mm 到 2800mm,桩端持力层为 5-2 层石灰岩和 5-1 层角砾岩层,要求桩端进入持力层深度达 2000mm 以上。其实施难点是:

①保证桩位、孔径、孔深、桩基础底部进入持力层最小深度及沉淤或虚土厚度符合设计和规范要求。

②保证桩桩钢筋笼质量、基础钢筋及安装质量符合设计与规范要求。

③保证混凝土灌注质量和强度符合设计和规范要求。

应对措施及保证重点:

①由于本工程场地基岩层面起伏较大,且尚未探明石灰岩岩溶及裂隙分布,而设计桩长是根据地质资料估计的长度。因此,实际孔深应以持力层土样和持力层厚度为主要依据,以设计桩长为参考依据。这就需要每根桩成孔都要检查,并且切实确保任何情况下桩孔挖至设计标高而入持力层深度未达要求时,继续下挖以满足桩端进入持力层的深度。此外,当满足持力层深度和厚度而未达到设计标高时,应与设计单位商议是否可以终孔,否则不得浇筑桩身混凝土。同时,还要切实确保终孔时进行桩端持力层检验,并检验桩底下

3 倍桩径深度范围内有无空洞，破碎带、软弱夹层等不良地质条件。

②由于设计的桩端持力层为岩层，桩端入岩较困难，这就需要严格控制，加强现场巡视和旁站，切实确保桩的入岩深度达到设计要求和桩端进入持力层深度至少 1.5 倍桩径。

③认真检查和复核人工挖孔桩的桩位和标高以及扩大头尺寸，确保其符合设计要求。

④全过程检查成孔、桩底持力层土（岩）性，放置钢筋笼，灌注混凝土。

⑤控制混凝土强度，确保其符合设计要求。

⑥按设计和规范要求控制桩体质量和承载力，确保结果必须符合设计和规范要求。

（2）本工程主楼部分基坑-9m，裙楼部分基坑-7.4m，为深基坑工程，其实施难点是深基坑的支护和开挖，需对支护方案的专家论证程序、审核、方案的实施和基坑的监测、土方的开挖和对排水、降水的效果进行严密、有效的控制。

应对措施及保证重点：

①基坑支护与开挖专项施工方案必须由具有相应设计资格的单位设计，并须经专家论证会论证。

②审查基坑支护与开挖施工方案。

③严格按经专家论证和批准的施工方案和施工验收规范实施对基坑支护与土方开挖、基坑降水和排水进行控制。

④对基坑开挖现场进行严密监测控制，其主要内容有墙顶水平位移、孔隙水压力、土体侧向变形、墙体变形、墙体土压力、支撑轴力、坑底隆起、地下水位、锚杆拉力、立柱沉降、墙顶沉降和四周地面建筑沉降与倾斜度等。

⑤验槽必须合格。

（3）本工程主楼部分地下室底板砼厚度1.8m，裙楼部分地下室底板砼厚度1m、门诊大厅的顶梁截面500mm×1200mm、跨度15.6m，这些都是大体积砼浇筑，其实施难点是如何控制温度应力和收缩应力共同作用，从而控制大体积砼结构裂缝的产生。

应对措施及保证重点：

①合理选择混凝土配合比，尽量选用水化热低和安定性好的水泥，并在满足设计强度要求的前提下，尽可能减少水泥用量，以减少水泥的水化热；施工中严格控制混凝土配合比及坍落度。

②控制石子、砂子含泥量不超过 1% 和 2%。

③根据施工季节不同，分别采用降温法和保温法施工，夏季采取降温法施工，冬期采用保温法施工。

④采取分层法浇筑混凝土。分层振捣密实，以使混凝土的水化热尽快散失。分层浇筑混凝土时，下层混凝土强度达到 1.2N/mm² 后才能进行上层混凝土浇筑。

⑤做好测温工作，严格控制混凝土内外温差；严格按方案要求做好测温工作；测温点的布置必须有代表性，应布置在表面、底部、中部，竖向间距 0.5 - 0.8m，平面间距2.5～5m。

⑥在混凝土中掺入少量粉煤灰和减水剂，以减少水泥用量，也可掺入缓凝剂，推迟水化热的峰值期。

⑦掺入适量的微膨胀剂或膨胀水泥，使混凝土得到补偿收缩，减少混凝土温度应力。

⑧施工前，针对工程特点，施工单位应编制混凝土浇筑方案及防止混凝土开裂的技术

措施。

⑨重点做好养护工作。特别是冬季、夏季应分别制定相应养护措施。

⑩泌水和浮浆处理。大体积混凝土分层浇筑时，上、下层施工间隔时间长，因此混凝土表面易产生泌水层，应采取有效措施予以解决。

（4）本工程门诊大厅顶部梁的梁底标高达17.1m，且梁截面达500mm×1200mm，砼自重大，其实施难点是如何保证其高大模板支撑系统安全、可靠和有效。

应对措施及保证重点：

①审查高大模板支撑系统专项施工方案。高大模板支撑系统专项施工方案应先由施工单位技术部门组织本单位施工技术、安全、质量等部门的专业技术人员进行审核，经施工单位技术负责人签字后，组织专家论证会进行专家论证。

专项方案经论证后需做重大修改的，应当按照论证报告修改，并重新组织专家进行论证。

②确保高大模板支撑系统使用材料和构造符合有关安全技术规范的要求。

③搭设前，要求项目技术负责人向项目管理人员和搭设人员进行技术交底，并做好书面交底签字记录。

④搭设前，严格检查立杆地基、钢管、扣件等是否符合专项方案和规范要求。

⑤搭设中，加强过程监控，要求搭设人员严格执行经专家论证同意的施工专项方案及有关安全技术规定，对底座及基础、立杆间距、纵横向扫地杆和水平杆、立杆对接、可调顶托及悬伸长度、纵横向水平剪刀撑及四周与建筑物是否形成可靠连接等。

⑥高大模板支撑系统搭设完成后，必须组织验收，验收合格方可进入下道工序的施工。

⑦浇筑混凝土前，监理机构须组织对高大模板支撑系统进行复检，未经复检合格，不得浇筑混凝土。

⑧核查混凝土同条件试块强度报告，浇筑混凝土达到拆模强度后，方可拆除高大模板支撑系统。

⑨严格控制拆除作业自上而下逐层进行，严禁上、下层同时拆除作业，分段拆除的高度不应大于两层。

（5）本工程设有百级、千级和万级手术室，其实施难点是如何通过控制土建和净化空调系统净化工程施工质量，使手术室的洁净度诸指标分别达到百级、千级和万级的要求。

应对措施及保证重点：

①控制不同于常规房屋建筑工程的正确洁净工程的土建施工程序。

②抓好洁净室施工中各专业施工的作业协调。

③控制好净化空调系统的清洁性、严密性及高效过滤器的正确安装。

④控制除菌、灭菌和维持无菌状态。

⑤控制空气洁净度、浮游菌和沉降菌、静压差、风速或风量、空气过滤器泄漏等检测、试验。

（6）本工程楼内特别是走廊、过道顶棚内管道多，标高不一，交叉多，施工单位也多，各种管道安装顺序又很严格；室外管线种类多，同样也是标高不一，交叉多，安装量大，施工有一定难度。这些安装工程施工对院区内的道路运输影响较大，其安装时间又限制在特定时段，因而合理安排施工顺序和进度、做好协调工作有一定难度。

应对措施及保证重点：

①审查各相关专业的施工图，尤其是审查梁的标高、吊顶的标高是否同水、电、暖、风等管道的安装相矛盾；各安装工程的管道、支架安装是否相互干涉，组织好开工前的专业会审和协调工作。

②协调好各专业工程的施工进度计划。

2.3　施工部署的编写

施工部署是单位工程施工组织设计的核心内容，包含施工目标、施工组织、任务划分、施工工艺部署等。

2.3.1　工程目标

在单位工程施工组织设计中，要明确本工程的质量目标、工期目标、成本控制、安全目标、文明施工目标、科技工作目标等。下列实例摘录，仅供参考：

1. 工程目标

质量目标：××省建筑优质工程××杯；

工期目标：总工期 730 天；

安全目标：创安全生产样板工地，安全达标：100％，安全控制：死亡为 0，负伤率：0.7‰，无重大设备事故，无重大火灾事故；

文明目标：文明施工样板工地；

成本目标：满足合同要求。

2. 质量目标分解

根据工程招标文件确定的本工程达到国家施工验收规范合格标准，争创××省优质工程的质量目标，本公司对该工程实施委托监理的总目标是确保该工程竣工一次性验收合格。为实现质量总目标，按《建筑工程施工质量验收统一标准》（GB50300—2001）和相关专业的施工质量验收规范对本工程的质量总目标进行分解（见表 2-12）。

表 2-12

序号	分部（子分部）工程	质量目标	目标要求
1	地基与基础工程	合格	所有分项工程必须符合 GB50202—2002 质量验收规范的规定，全部合格
2	混凝土结构	合格	所有分项工程必须符合 GB50204—2002（2011 年版）质量验收规范的规定，全部合格
3	建筑装饰装修	合格	所有分项工程必须符合 GB50210—2001 质量验收规范的规定，全部合格

续表

序号	分部（子分部）工程	质量目标	目标要求
4	建筑屋面	合格	（1）所有分项工程必须全部符合 GB50207—2002 质量验收规范的规定，全部合格 （2）屋面防水层完成后，对整个层面进行浇水试验，时间≥12小时，然后进行漏渗观察
5	建筑给水、排水及采暖	合格	所有的分项工程必须符合 GB50242—2002 质量验收规范的规定，全部合格
6	建筑电气	合格	所有分项工程必须符合 GB50303—2002 质量验收规范的规定，全部合格
7	智能建筑	合格	所有分项工程必须符合 GB50339—2003 质量验收规范的规定，全部合格
8	通风与空调	合格	所有分项工程必须符合 GB50243—2002 质量验收规范的规定，全部合格
9	电梯	合格	所有分项工程必须符合 GB50310—2002 质量验收规范的规定，全部合格
10	建筑节能	合格	所有分项工程必须符合 GB50411—2007 质量验收规范的规定，全部合格

3. 进度目标分解

工期要求：总工期约 730 日历天（图 2-1）。

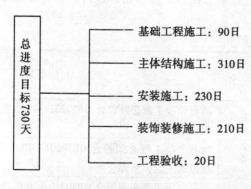

图 2-1

2.3.2　施工组织机构

这部分内容主要介绍项目的施工组织形式、组织机构和职能分工，明确分工职责，落实施工责任，使各岗位各行其职、各尽其责，还应有管理层次清晰的组织机构图（图 2-2）。

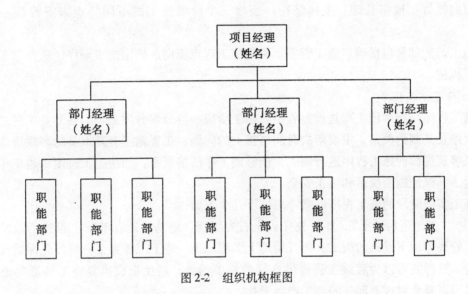

图 2-2　组织机构框图

2.3.3　任务划分

这部内分容主要明确各单位负责的范围（总承包合同范围，业主自行组织施工的范围，业主指定分包由总包管理的施工范围，总包组织内分包施工项目，总包组织外分包施工项目等）以及对分包的管理，工程物资设备采购划分，工程使用的大型设备情况（见表 2-13 ~ 表 2-14）。

表 2-13　　　　　　　　　　　　各单位责任范围表

序号	负责单位	任务划分范围
1	业主自行施工范围	
2	总包合同范围	
3	总包对分包管理范围（业主制定分包范围）	

表 2-14　　　　　　　　　　　　工程物资设备采购划分表

序号	负责单位	工程物资
1	业主自行采购范围	
2	总包合同范围	
3	分承包方采购范围	

2.3.4 施工工艺部署

施工工艺部署就是考虑各个方面的影响因素，对任务、人力、资源、时间、空间进行总体部署。要考虑施工程序、施工顺序、时间计划安排、季节性施工安排、立体交叉施工和资源的部署。根据基础、主体结构、装修三个阶段施工的不同特点来安排施工工艺部署。

施工工艺部署包括确定施工程序、确定施工起点流向、确定施工顺序、选择施工方法和施工机械。

1. 确定施工程序

施工程序是指单位工程建设过程中各施工阶段、各分部分项工程、各专业工种之间的先后次序及其制约关系，主要解决时间搭接上的问题。工程施工有其本身的客观规律，按照反映客观规律的施工程序进行施工，能够使工序衔接紧密，加快施工进度，避免相互干扰和返工，保证施工质量和施工安全。

施工实施阶段的施工程序通常考虑如下几个方面：

（1）"先地下后地上"，即首先完成土石方工程、地基处理和基础工程施工以及地下管道、管线等地下设施的施工，再开始地上工程施工。地下工程施工一般按先深后浅的次序进行，这样既可以为后续工程提供良好的施工场地，避免造成重复施工和影响施工质量，又可以避免对地上部分的施工产生干扰。

（2）"先主体后围护"，即对框架结构或排架结构等结构形式的建筑物，首先进行主体结构施工，再进行围护结构的施工。为了加快施工进度，高层建筑施工中，围护结构施工与主体结构施工应尽量搭接施工，即主体施工数层后，围护结构也随后开始，这样既可以扩大现场施工作业面，又能缩短工期。

（3）"先结构后装修"，即首先施工主体结构，再进行装修工程的施工。对于工期要求紧的建筑工程，为了缩短工期，也可部分搭接施工，如有些临街建筑往往是上部主体结构施工时，下部一层或数层就进行装修并开门营业，这样可以加快进度，提高效益。又如一些多层或高层建筑在进行一定层数的主体结构施工后，穿插搭接部分的室内装修施工，以缩短建设周期，加快施工进度。

（4）"先土建后设备"，即首先进行土建工程的施工，再进行水、电、暖、煤气、卫生洁具等建筑设备安装的施工。但它们之间还要考虑穿插和配合的关系，即设备安装的某一工序穿插在土建施工的某一工序之前或某一工序的施工过程中，如住宅或办公建筑中的各种预埋管线必须穿插在土建施工过程中进行，等等。

此外，有些工业建筑工程为了早日竣工投产，不仅要加快土建施工速度，而且应根据厂房的工艺特点、设备的性质、设备的安装方法等因素，合理安排土建施工与设备安装之间的施工程序，确保施工进度计划的实现。通常情况下，土建施工与设备安装可采取以下三种施工程序：

①封闭式施工，即土建主体结构（或装饰装修工程）完成后，再进行设备安装的施工程序。

②敞开式施工，即先进行设备基础施工，进行设备安装，后建厂房的施工程序（如电站、冶金厂房、水泥厂的主车间等重型工业厂房）。

③同建式施工，即土建施工与设备安装穿插进行或同时进行的施工程序。

在单位工程施工组织设计中，必须对施工程序做出决定。

2. 确定施工起点流向

施工起点流向是单位工程在平面或竖向上施工开始的部位和施工流动的方向，主要解决建筑物在空间上的合理施工顺序问题。一般情况下，对于单层建筑物（如单层工业厂房等），只需按其车间、施工段或节间，分区分段地确定其平面上的施工起点流向。对于多层建筑物，除了确定其每层平面上的施工起点流向外，还需确定其层间或单元空间竖向上的施工起点流向，如多层房屋的内墙抹灰施工可采取自上而下进行或自下而上进行。

确定单位工程施工起点流向时，一般应考虑如下因素：通常，现场施工的工艺流程往往是确定施工流向的关键；一般应考虑建设单位对生产或使用急切的工段或部位先施工；技术复杂、施工进度较慢、工期较长的区段和部位应先施工；应考虑房屋高低层和高低跨；施工场地的大小、道路布置和施工方案中的施工方法和机械；分部分项工程的特点及其相互关系等。

施工起点流向的确定影响到一系列施工过程的开展和进程，直接关系到劳动力、机械、材料等的准备及调度，是组织施工的重要一环。不管是依次作业还是组织流水作业，都必须设计好施工起点流向，它还会体现在后面的施工进度计划的安排中，因此，必须予以充分考虑认真编写，必要时可用示意图加以说明。

3. 确定施工顺序

施工顺序是指单位（或单项）工程内部各分项工程（或工序）之间施工的先后次序。施工顺序合理与否，将直接影响各工程工种之间的配合、工程质量、施工安全、工程成本和施工进度，必须科学合理地确定单位（或单项）工程的施工顺序。在组织单位（或单项）工程施工时，一般将其划分为若干个分部工程（或施工阶段），每一分部工程（或施工阶段）又可划分为若干个分项工程（或工序），应对各个分项工程（或工序）之间的先后顺序做出合理安排。

确定施工顺序时，应考虑的因素有：遵循施工程序，符合施工工艺，与施工方法相一致，满足施工组织要求，考虑施工安全和质量，当地气候影响等。针对一项工程来确定施工顺序，需要仔细研究工程特点，综合这些因素统筹考虑，当然，也需要一定的经验积累。

下面以高层框架-剪力墙结构建筑为例，简要说明施工顺序的确定。

高层框架结构建筑的施工按其施工阶段划分，一般可以分为地基与基础工程、主体结构工程、围护与分隔结构工程、屋面及装饰装修工程四个施工阶段，其施工顺序如图 2-3所示。

这样的施工顺序安排既遵循施工程序中的"先地下后地上"、"先结构后围护"、"先主体后装修"、"先土建后设备"等一般规律，又符合施工工艺（如支模板、扎钢筋、浇混凝土等工序）的要求。而各施工阶段则对各个分项工程（或工序）之间的先后顺序做出合理安排：基础工程的施工顺序，根据其地基基础设置方式而定，通常包括：桩基础→

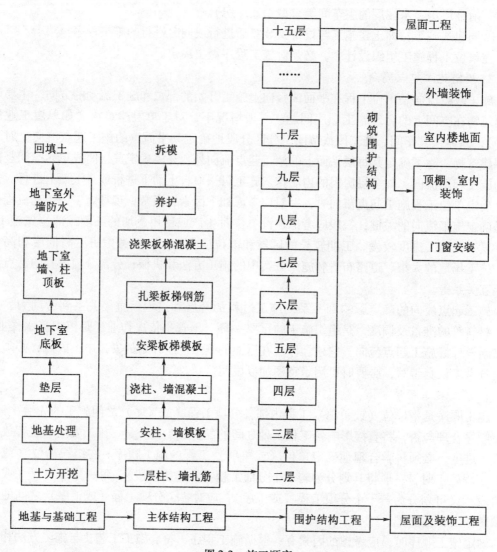

图 2-3 施工顺序

土方开挖→地基处理→垫层→地下室底板防水及底板→地下室墙、柱、顶板→地下室外墙防水→回填土。

桩基础施工，应根据采用的桩基础类型和施工方法确定施工顺序。基坑土方开挖通常采用挖土机械大面积开挖，由于挖土深度大，应注意基坑边坡的防护和支护，在确定施工顺序时，应根据基坑支护方法，考虑基坑支护的施工顺序。

对于基础大体积混凝土，还需确定分层浇筑施工顺序，支模板、扎钢筋、浇混凝土工序与相关工作的衔接都必须通盘考虑好先后次序。还应根据气候条件，加强对垫层和基础混凝土的养护，在基础混凝土达到拆模要求时，及时安排拆模。

底板和外墙的防水施工，根据设计要求确定其防水施工方法，如外墙防水采用卷材外贴时的施工顺序为：砌筑永久性保护墙→外墙外侧设水泥砂浆找平层→涂刷冷底子油结合层→铺贴卷材防水层→砌筑临时性保护墙并填塞砂浆→养护。外墙防水施工完毕后，应尽早回填土，既保护基础，又为上部结构施工创造条件。

4. 主体结构工程的施工顺序

主体结构工程施工阶段的主要工作包括：安装垂直运输设备及搭设脚手架，每一层分段施工框架-剪力墙混凝土结构等。其中，每层每段的施工顺序为：测量放线→柱、剪力墙钢筋绑扎→墙柱设备管线预埋→验收→墙柱模板支设→验收→浇墙柱混凝土→养护拆模→梁板梯模板支设→测量放线→板底层钢筋绑扎→设备管线预埋敷设→验收→梁、梯钢筋、板上层钢筋绑扎→验收→浇梁梯板混凝土→养护→拆模，其中，柱、墙、梁、板、梯的支模、绑扎钢筋和浇筑混凝土等施工过程的工程量大，耗用的劳动力、材料多，对工程质量、工期起着决定性作用，故需将高层框架-剪力墙结构在平面上分段、在竖向上分层组织流水施工。

5. 围护和分隔结构工程的施工顺序

高层框架-剪力墙结构的围护结构一般采用砌块墙体或幕墙等结构形式，其施工顺序通常根据结构型式的不同来确定。当采用砌筑墙体作围护结构时，其施工主要包括：搭设脚手架、砌筑墙体、安装门窗框、安装预制过梁、现浇构造柱等工作。高层建筑砌筑围护结构墙体一般安排在框架-剪力墙结构施工到 3~4 层后即插入施工，以缩短工期，同时为后续室内外装饰工程施工创造条件。

高层框架-剪力墙结构的分隔结构一般采用砌块填充墙，其施工组织一般采用与框架-剪力墙结构施工相同的分层分段流水施工，每个填充墙的施工顺序通常为：墙体弹线→墙体砌块排列组合→墙体找平层→墙体砌筑和设置拉结钢筋→安装或浇筑过梁→构造柱施工→养护→填充梁、板底与墙体的空隙等。

6. 屋面及装饰工程的施工顺序

高层框架-剪力墙结构建筑的装饰工程是综合性的系统工程，其施工顺序安排得当，可大大地加快施工进度，取得较好的经济效益。通常做法是：室内天棚、墙面、楼地面装修抹灰在同层，按"先地面再天棚后墙面"依次进行；在竖向与主体结构施工和墙体砌筑形成立体交叉作业。室内装修抹灰自下而上进行，而外墙装修装饰则结合窗的安装和外脚手架拆除自上而下进行。屋面施工在主体结构封顶后，选择恰当时机（主要视气候与天气状况而定），按设计构造层次依次施工，然后再进行室内安装工程和精装修工程的施工。

要注意目前装饰工程新工艺、新材料层出不穷，安排施工顺序时，应综合考虑工艺、材料要求及施工条件等因素。施工前，应预先考虑好土建施工与之交叉配合的水、电、暖气、煤气、卫生洁具等设备安装的组织协调，尤其注意天棚内的管线安装与天棚施工的配合问题。

2.4　施工准备的编写

为了保证工程按期开工和顺利进行，并能保质、保量、按期交工，取得如期的投资效果，必须做好相应的施工准备。实践证明，施工准备工作的具体内容，视该工程的具体情况及其已具备的条件而异，有的比较简单，有的却十分复杂。不同的工程，因工程的特殊需要和特殊条件而对施工准备工作提出各不相同的具体要求。

一般工程的施工准备工作内容可归纳为五个方面：技术准备、施工现场准备、物资准备、劳动组织准备和施工场外协调。因此，主要的施工准备可围绕这几个方面来编写。在编写内容上主要是确定施工准备的项目，并拟订具体的施工准备工作实施计划（包括如何完成、谁负责及时间安排等）。

2.5 主要项目的施工方法和施工机械选择的编写

主要分部分项工程的施工方法和施工机械选用在《建筑施工技术》中已详细叙述，这里仅将编写中需重点拟定的内容和要求归纳如下：

2.5.1 测量放线

（1）说明测量工作的总要求。在充分了解图纸设计的基础上，精确确定房屋的平面位置和高程控制位置。要求操作人员必须按照操作程序、操作规程进行操作，经常进行仪器、观测点和测量设备的检查验证，配合好各工序的穿插和检查验收工作。

（2）建筑工程轴线的控制。确定实测前的准备工作，确定建筑物平面位置的测定方法以及首层及各楼层轴线的定位、放线方法及轴线控制要求。

（3）建筑工程垂直度控制。说明建筑物垂直度控制的方法，包括外围垂直度和内部每层垂直度的控制方法，并说明确保控制质量的措施。如某框架剪力墙结构工程，建筑物垂直度的控制方法为：外围垂直度的控制采用经纬仪进行控制，在浇混凝土前后分别进行施测，以确保将垂直度偏差控制在规范允许的范围内；内部每层垂直度则采用线锤进行控制，并用激光铅直仪进行复核，加强控制力度。

（4）房屋的沉降观测。可根据设计要求，说明沉降观测的方法、步骤和要求。如某工程根据设计要求，在室内外地坪上 0.6m 处设置永久沉降观测点。设置完毕后，进行第一次观测，以后每施工完一层做一次沉降观测，且相邻两次观测时间间隔不得大于两个月，竣工后每两个月作一次观测，直到沉降稳定为止。

2.5.2 土石方与地基处理工程

（1）挖土方法。根据土方量大小，确定采用人工挖土还是机械挖土，当采用人工挖土时，应按进度要求确定劳动力人数，分区分段施工。当采用机械挖土时，应根据土质的组成、地下水位的高低等因素，首先确定机械挖土的方式，再确定挖土机的型号、数量，机械开挖方向与路线，人工如何配合修整基底、边坡等施工方法。

（2）地面水、地下水的排除方法。确定拦截和排除地表水的排水沟渠位置、流向以及开挖方法，确定降低地下水的集水井、井点等的布置及所需设备的型号、数量。

（3）开挖深基坑方法。应根据土壤类别及场地周围情况，确定边坡的放坡坡度或土壁的支撑形式和设置方法，确保施工安全。

（4）石方施工。确定石方的爆破或破碎方法以及所需机具、材料等。

（5）场地平整。确定场地平整的设计平面，进行土方挖填的平衡计算，绘制土方平衡调配表，确定场地平整的施工方法和相应的施工机械。

（6）确定土方运输方式、运输机械型号及数量。

（7）土方回填的施工方法，填土压实的要求及压实机械选择。

（8）地基处理的方法（换填地基、夯实地基、挤密桩地基、注浆地基等）及相应的材料、机械设备。

2.5.3 降水与基坑支护

基坑支护是指基坑开挖期间挡土、护壁，保证基坑开挖和地下结构的安全，并保证在地下施工期间不会对邻近的建筑物、道路、地下管线等造成危害。主要应说明施工现场地下水条件、降水情况、是否需要降水、降水深度是否能满足施工要求、降水对相邻建筑物的影响及采取的措施；说明工程现场施工条件、邻近建筑物等与基坑的距离、邻近地下管线对基坑的影响、基坑放坡的坡度、基坑开挖深度或基坑支护方法、坑边立塔吊或超载所应采取的措施、基坑的变形观测等。

2.5.4 基础工程

（1）浅基础工程。主要是垫层、混凝土基础和钢筋混凝土基础施工的技术要求，有地下室时，还包括地下室地板混凝土、外墙体（砖砌外墙、钢筋混凝土外墙）的技术要求。

（2）桩基础。明确桩基础的类型和施工方法，施工机械的型号，预制桩的入土方法和入土深度控制、检测、质量要求等，以及灌注桩的成孔方法，施工控制、质量要求等。

（3）基础设置深浅不同时，应确定基础施工的先后顺序、标高控制、质量安全措施等。

（4）各种变形缝。确定留设方法、设置位置及注意事项。

（5）混凝土基础施工缝。确定留置位置、技术要求。

2.5.5 地下防水工程

应根据防水方法（混凝土结构自防水、水泥砂浆抹面防水层、卷材防水层、涂料防水），确定用料要求、施工方法和相关技术措施等。主要应说明地下防水层采用的材料、层数、厚度，防水材料进场是否按规定进行了外观检验及复试，分包单位情况；防水层基层的要求、防水导墙做法、临时保护墙做法、防水层保护层做法等；变形缝、后浇带、水平施工缝、竖直施工缝、避雷装置出外墙的做法及管道穿墙处等细部防水的做法。工程为结构自防水时，还应说明工程在结构施工中的防水措施（如止水带设置等）、外墙的结构处理、掺加何种外加剂等。

2.5.6 模板工程

（1）模板的类型和支模方法的确定。根据不同的结构类型，现场施工条件和企业实际施工装备，确定模板种类（组合式模板、工具式模板、永久性模板、胶合板模板等）

以及支撑方法（钢桁架、钢管支架、托架等），并分别列出采用的项目、部位、数量，明确加工制作的分工。对于比较复杂的模板，应进行模板设计并绘制模板构造图或放样图。

（2）确定墙柱侧模、楼板底模、异型模板、梁侧模、大模板的支顶方法和精度控制；确定电梯井筒的支撑方法；确定特殊部位的施工方法（后浇带、变形缝等），明确层高和墙厚变化时模板的处理方法；明确各构件的施工方法、注意事项和预留支撑点的位置；明确模板支撑上、下层支架的立柱对中的控制方法和支拆模板所需的架子和安全防护措施；明确模板拆除时间、混凝土强度及拆模后的支撑要求，模板的使用维护措施要求。

（3）隔离剂的选用。确定隔离剂的类型，明确使用要求。

模板工程应向工具化、多样化方向努力，推广"快速脱模"，提高模板周转利用率。采取分段流水工艺，减少模板一次投入量，还应确定模板供应渠道（如租用、购置或企业内部调拨）。

2.5.7 钢筋工程

（1）钢筋的供货方式、进场检验和材料的堆放。

（2）钢筋的加工情况：明确现场钢筋的加工机具，钢筋接头的类别、等级和加工方式。

（3）钢筋品种、级别、直径：主要构件的钢筋设计使用情况可按表2-15填写列出。

表2-15　　　　　　　　　　　　主要构件的钢筋设计

构件名称	钢筋规格	直径（mm）	备注
基础底板			
混凝土墙			
框架柱 KZ			
框架梁 KL			
框架连梁 LL			
……			

（4）钢筋的加工、运输和安装方法的确定。明确构件厂或现场加工的范围（如成型程度是加工成单根、网片或骨架等）；明确除锈、调直、切断、弯曲成型方法；明确钢筋冷拉、施加预应力方法；明确焊接方法（如电弧焊、对焊、点焊、气压焊等）或机械连接方法（如挤压连接、锥螺纹连接、直螺纹连接等）；钢筋运输和安装方法；明确相应机具设备型号、数量。

（5）钢筋绑扎施工。根据构件的受力情况，明确受力筋的方向和位置、主筋搭接部位、水平钢筋绑扎顺序、接头位置、钢筋接头形式、箍筋间距；马凳、垫块钢筋保护层的要求；图纸中墙、柱等竖钢筋保护层要求；竖向钢筋的生根及绑扎要求；钢筋的定位和间距控制措施。预埋钢筋的留设方法，尤其是围护结构拉结筋。主体结构若有墙体、柱变截面，还应说明钢筋在变截面处的做法。

（6）装配式单层工业厂房的牛腿柱和屋架等大型现场预制钢筋混凝土构件。确定柱与屋架现场预制平面布置图，明确预制场地的要求、模板设置要求、预应力的施加方法。

2.5.8 混凝土工程

（1）混凝土搅拌和运输方法的确定。明确混凝土供应方式（现场搅拌或商品混凝土）及垂直或水平运输方式，若当地有商品混凝土供应时，首先应采用商品混凝土；否则，应根据混凝土工程量大小，合理选用搅拌方式，是集中搅拌还是分散搅拌；选用搅拌机型号、数量；进行配合比设计；确定掺和料、外加剂的品种数量；确定砂石筛选、计量和后台上料方法；确定混凝土运输方法和运输要求。

（2）混凝土的浇筑。确定混凝土浇筑的起点流向、浇筑顺序、浇筑高度的控制措施、施工缝留设位置、分层高度、工作班制、振捣方法、养护制度及相应机械工具的型号、数量。

（3）冬期或高温条件下浇筑混凝土。应制定相应的防冻或降温措施，落实测温工作，明确外加剂品种、数量和控制方法。

（4）浇筑厚大体积混凝土。明确浇筑方案，制定防止温度裂缝的措施，落实测温孔的设置和测温记录等工作。

（5）有防水要求的特殊混凝土工程。明确混凝土的配合比以及外加剂的种类、加入量，做好抗渗试验等工作，明确用料和施工操作等要求，加强检测控制措施，保证混凝土抗渗的质量。

2.5.9 砌体工程

（1）明确工程中所采用的砌体材料、砂浆强度、使用部位；明确砌筑工程施工工艺、施工方法、墙体压顶的施工方法和墙体拉筋、压筋的留置方式；明确构造柱、圈梁的设置要求、质量要求等。

（2）明确砌体的组砌方法和质量要求，皮数杆的控制要求，流水段和劳动力组合形式，砌筑用块材的垂直和水平运输方式以及提高运输效率的方法等。

（3）明确砌体与钢筋混凝土构造柱、梁、圈梁、楼板、阳台、楼梯等构件的连接要求。

（4）明确配筋砌体工程的施工要求。

（5）明确砌筑砂浆的配合比计算及原材料要求，拌制和使用时的要求，砂浆的垂直和水平运输方式和运输工具等。

（6）确定脚手架搭设方法、要求以及安全网架设的方法。

2.5.10 结构安装工程

（1）确定吊装工程准备工作内容。主要包括起重机行走路线的压实加固，各种索具、吊具和辅助机械的准备，临时加固、校正和临时固定的工具、设备的准备，吊装质量要求和安全施工等相关技术措施。

（2）选择起重机械的类型和数量。根据建筑物外形尺寸，所吊装构件外形尺寸、位置、重量、起重高度，工程量和工期，现场条件，吊装工地的现场条件，工地上可能获得吊装机械的类型等，综合确定起重机械的类型、型号和数量。

（3）确定构件的吊装方案。其内容包括：确定吊装方法（分件吊装法、综合吊装法），确定吊装顺序，确定起重机械的行驶路线和停机点，确定构件预制阶段和拼装、吊装阶段的场地平面布置。

（4）确定构件的吊装工艺。主要包括：柱、吊车梁、屋架等构件的绑扎和加固方法、吊点位置的设置、吊升方法（旋转法或滑行法等）、临时固定方法、校正的方法和要求、最后固定的方法和质量要求。尤其是对跨度较大的建筑物的屋面吊装，应认真制定吊装工艺，设定构件吊点位置，确定吊索的长短及夹角大小，起吊和扶直时的临时稳固措施，垂直度测量方法等。

（5）确定构件运输要求。主要包括：构件运输、装卸、堆放办法，所需的机具设备（如平板拖车、载重汽车、卷扬机及架子车等）型号、数量，对运输道路的要求。

2.5.11　屋面工程

（1）屋面各个分项工程（如卷材防水屋面一般有找坡找平层、隔汽层、保温层、防水层、保护层或上人屋面面层等分项工程；刚性防水屋面一般有隔离层、刚性防水层、保温隔热层等分项工程）的各层材料、操作方法及其质量要求。特别是防水材料，应确定其质量要求、施工操作要求等。

（2）屋盖系统的各种节点部位及各种接缝的密封防水施工方法和相关要求。

（3）屋面材料的运输方式。包括场地外运输和场地内的水平和垂直运输。

2.5.12　装饰装修工程

（1）施工部署及准备。可以以表格形式列出各楼层房间的装修做法明细表；确定总的装修工程施工顺序及各工种；如何与专业施工相互穿插、配合；绘制内、外装修的工艺流程。

（2）外墙饰面工程。外墙饰面材料的使用情况、施工方法、质量要求、成品保护、控制要点及与室外垂直运输设备拆除之间的时间关系等。

（3）内墙饰面工程。饰面材料的使用情况、施工方法、成品保护、控制要点，制定施工方法及质量要求。

（4）楼地面工程。明确材料使用情况、控制要点、质量要求、施工时间、地面施工做法、保养和成品保护，特别注意应保证施工期间有一条上下贯通的通道。

（5）棚面及内隔墙。施工方法、棚面及内隔墙的做法情况、材料选用、质量要求及与水电专业之间的协调配合关系。

（6）门窗安装。包括材料、施工工艺和成品保护等问题；门窗规格、有无附框、外墙金属窗、塑料窗的三性试验要求；外墙金属窗的防雷接地做法要结合防雷及各类专业规范进行明确。

（7）木装修工程。说明木装修内容材料使用情况、质量标准、控制要点及注意事项。

（8）油漆、涂料工程。包括材料选用及施工方法、质量要求、成品的保护、注意事项等。

2.5.13　脚手架工程

（1）明确内外脚手架的用料、搭设、使用、拆除方法及安全措施。多层建筑的外墙脚手架大多从地面开始搭设，根据土质情况，应有防止脚手架不均匀下沉的措施。高层建筑的外脚手架，一般分段搭设，大多采用工字钢或槽钢作为外挑梁或设置钢三角架外挑等做法，每隔几层与主体结构做固定拉接，应通过设计计算来保证脚手架整体稳固。

（2）脚手架在搭设和使用过程中必须考虑的因素包括：杆件的承载力、刚度和稳定性；脚手架的整体性和稳定性；架子支搭、拆除的顺序和方法；马道的设置位置及方法；内外架子的类型、构造要求、卸荷及与结构拉结方式；装修内外架子的类型；钢筋绑扎、柱墙混凝土浇筑、外墙施工、电梯井内施工采用的架子；架子对下部结构的要求；临边防护措施等。

（3）应明确特殊部位脚手架的搭设方案。如施工现场的主要出入口处（施工安全通道），脚手架应留有较大的空间，便于行人甚至车辆进出，出入口两边和上边均应用双杆处理，并局部设置剪刀撑，并加强与主体结构的拉接固定。

（4）室内施工脚手架宜采用轻型的工具式脚手架，装拆方便省工、成本低。对高度较高或跨度较大的厂房顶棚喷刷工程，宜采用移动式脚手架，省工又不影响其他工程。

（5）脚手架工程还需确定安全网挂设方法、"四口五临边"防护方案。

2.5.14　现场水平垂直运输设施

（1）确定垂直运输量。对有标准层的需确定标准层运输量，一般列表说明。

（2）选择垂直运输方式及其机械型号、数量、布置、安全装置、服务范围、穿插班次。明确垂直运输设施使用注意事项和安全防护措施。

（3）选择水平运输方式及其设备型号、数量以及配套使用的专用工具设备（如混凝土布料杆、砖车、混凝土车、灰浆车、料斗等）。

（4）确定地面和楼面上水平运输的行驶路线及其要求。

2.5.15　特殊项目

（1）对于采用四新（新结构、新工艺、新材料、新技术）的项目及高耸、大跨、重型构件，水下、深基础、软弱地基，冬期施工等项目，均应单独编制如下内容：选择施工方法，阐述工艺流程，绘制平立剖示意图，确定技术要求、质量安全注意事项、施工进度、劳动组织、材料构件及机械设备需要量等。

（2）对于大型土石方、打桩、构件吊装等项目，一般均需单独提出施工方法和技术组织措施。

2.5.16　选择施工机械

施工方法确定之后，需要选择满足施工需要的施工机械。选择机械时，应遵循切实需要、实际可能、经济合理的原则，主要是确定各分部分项施工所需要的施工机械的型号和数量（台数）。机械台数往往需要进行必要的计算来确定。例如土方机械选择，根据进度计划安排、总的土方量、现场的周边情况和挖掘方式确定每天出土的方量，依据出土方量选择挖掘机、运土车的型号和数量。挖土机的数量（N）应根据土方量大小、工期要求和挖土机的台班产量来确定，可按下式计算：

$$N = \frac{Q}{P} \times \frac{1}{T \cdot C \cdot K}$$

式中，Q——土方量（m^3）；

P——挖土机生产率（m^3/台班）；

T——工期（工作日）；

C——每天工作班数（1~3）；

K——时间利用系数（0.8~0.9）。

又如塔式起重机选择，根据建筑物高度、结构形式（附墙位置）、现场所采用的模板体系和各种材料的吊运所需的吊次、需要的最大起重量、覆盖范围以及现场的周边情况、平面布局形式，确定塔式起重机的型号和台数，并要对距塔式起重机最远和所需吊运最重的模板或材料核算塔式起重机在该部位的起重量是否满足。关键是要核算起重机械起重量 Q、起重高度 H、起重半径 R 和起重臂长度 L 是否满足工程需要。

选用机械时，应尽量利用施工单位现有机械，这样可以减少施工投资额，同时又提高了现有机械的利用率，降低工程成本。只有在原有机械性能满足不了工程需要时，才可以购置或租赁其他机械。将所选用机械列入主要施工机械设备计划表（表2-16）。

表2-16 主要施工机械设备计划表

序号	名称	型号	功率	产地	台数	计划进出场时间

2.6　施工进度计划的编写

单位工程施工进度计划是单位工程施工组织设计的重要内容，也是编写重点之一，是在既定的施工方案基础上，根据为满足施工合同的计划工期和技术、物资及资源供应等实际施工条件，用图表（横道图和网络图）的形式对单位工程从开始施工到竣工验收全过程的各分部分项工程（或工序），科学合理地确定其在时间上的安排和相互间的搭接关系。

单位工程施工进度计划是控制工程施工进度和工程竣工期限等各项施工活动，直接指导单位工程各个施工过程的施工顺序、施工持续时间及相互衔接和合理配合的重要技术文件；是确定劳动力和各种资源需要量计划的依据，也是编制单位工程施工准备工作计划和施工企业编制年、季、月作业计划的依据。

编制单位工程施工进度计划前，应搜集和准备所需的相关资料，作为编制的依据，这些资料主要包括：

（1）建设单位或施工合同规定的，并经上级主管机关批准的单位工程开工、竣工时间，即单位工程的要求工期。施工组织总设计中总进度计划对本单位工程的规定和要求。

（2）相关的地形图、施工图、工艺设计图、标准图以及规范规程等技术资料。劳动定额、机械台班定额、工期定额等定额资料。

（3）已确定的单位工程的施工程序、施工起点流向、施工顺序、施工方案与施工方法以及施工机械、各种技术组织措施等。

（4）施工预算或施工图预算文件中的工程量、工料分析等资料。

（5）施工条件资料，包括：施工现场条件、气候条件、环境条件；施工管理和施工人员的技术素质；主要材料、设备的供应能力等。

（6）其他相关资料，如已签订的施工合同；已建成的类似工程的施工进度计划等。

下面介绍单位工程施工进度计划编制的主要步骤和方法。

2.6.1　拟定工程施工项目

单位工程施工进度计划是以分部分项工程施工过程作为施工进度计划的基本组成进行编制的。因此，应首先将各主要施工过程列出，再结合施工方法、施工条件、劳动组织等因素加以适当调整，使之成为编制施工进度计划所需要的施工项目。施工项目应按施工顺序排列，即先施工的排前面，后施工的排后面。所采用施工项目的名称可参考现行定额手册上的项目名称，以方便工程量的计算和套用相应定额。施工项目划分的粗细程度主要取决于施工进度计划的类型和对施工进度控制的需要；施工项目的划分应与施工方案的要求保持一致；必要时，应将施工项目适当合并，使进度计划简明清晰，突出重点。水暖电卫安装工程和设备安装工程通常由各专业队负责施工，在施工进度计划中，只需列出项目名称，反映出这些工程与土建工程的配合关系即可，不必细分。

2.6.2　划分流水施工段

应尽量组织建筑工程流水施工，因此就要划分流水施工段，即将施工对象划分为工程量大致相等的若干个工作面。划分施工段的目的在于使各施工队（组）能在不同的工作面平行或交叉进行作业，为各施工队（组）依次进入同一工作面进行流水作业创造条件。因此，划分施工段是组织流水施工的基础。施工段的划分原则和方法可参见相关教材或书籍。

2.6.3　计算工程量

对划分的各分部分项工程施工项目，依据施工图分别计算各施工段上的施工工程量。若已有施工预算或施工图预算，也可直接采用施工（图）预算的数据，但应注意其工程量应按施工层和施工段分别列出。工程量计算应注意以下问题：

（1）工程量的计量单位。各分部分项工程的工程量计量单位应与现行定额手册中所规定的单位相一致，以便在计算劳动量、材料需要量和机械数量时可直接套用，避免因换算而发生错误。

（2）计算工程量时与选定的施工方法和安全技术要求一致。如计算基坑土方工程量时，应根据其开挖方法是人工开挖还是机械开挖，是每个柱下独立基坑单独开挖还是大开挖，其边坡安全防护是放坡还是加挡土支撑以及工作面宽度等内容，综合考虑确定相应的土方体积计算尺寸。

（3）注意结合施工组织的要求，分段、分层计算工程量。当直接采用预算文件中的工程量时，应按施工项目的划分情况将预算文件中有关项目的工程量汇总。如砌筑砖墙项目，预算中是按内墙、外墙、墙厚、砂浆强度等级分别计算工程量，施工进度计划的砌筑砖墙项目则需在此基础上分段、分层汇总计算工程量。

2.6.4 计算劳动量和施工机械台班数量

有了上述确定的施工项目、工程量和施工方法，即可套用施工定额，以计算该施工项目的劳动量或施工机械台班数量。计算公式为

$$P = \frac{Q}{S} \quad 或 \quad P = Q \cdot H$$

式中，P——完成某施工过程所需的劳动量（工日）或机械台班数量（台班）；

Q——某施工过程的工程量（m^3、m^2、m、t、件……）；

S——某施工过程的产量定额（产量定额是指在单位时间内所完成合格产品的数量（m^3、m^2、m、t、件……/工日或台班）；

H——某施工过程的时间定额（工日或台班/m^3、m^2、m、t、件……），时间定额是指为完成单位合格产品所需的时间。

产量定额指标和时间定额指标可在施工定额中查到。

【例1】某单层工业厂房土方工程施工，柱基土方开挖工程量为3980m^3，计划采用人工开挖，产量定额为6.37m^3/工日，时间定额为0.157 工日/m^3，则完成该基坑土方开挖需要的劳动量为

$$P = \frac{Q}{S} = \frac{3980}{6.37} = 625（工日）$$

或

$$P = Q \cdot H = 3980 \times 0.157 = 625 \ （工日）$$

【例2】某基坑土方工程量为5860m^3，采用机械挖土，其机械挖土量是整个开挖量的90%，确定采用反铲挖土机挖土，自卸汽车随挖随运，挖土机的产量定额为310m^3/台班，自卸汽车的产量定额为85m^3/台班，则挖土机及自卸汽车的台班数量分别为

$$P = \frac{Q}{S} = \frac{5860 \times 0.9}{310} = 17（台班）$$

$$P = \frac{Q}{S} = \frac{5860 \times 0.9}{89} = 62（台班）$$

建筑工程施工项目经常发生同一性质不同类型的分项工程，当工程量相等时，一般可采用其算术平均值计算平均时间定额，即

$$H = \frac{H_1 + H_2 + H_3 + \cdots + H_n}{n}$$

式中，H——平均时间定额；

　　　H_1，H_2，$\cdots$，H_n——同一性质不同类型各分项工程的时间定额；

　　　n——分项工程的数量。

当同一性质不同类型分项工程工程量不相等，或施工项目是由同一工种，但材料、做法和构造都不相同的施工过程合并而成时，平均定额应采用加权平均值，即

$$S = \frac{\sum\limits_{i=1}^{n} Q_i}{\sum\limits_{i=1}^{n} P_i}$$

式中，S——某施工项目加权平均产量定额（m^3、m^2、m、t、件……/工日或台班）；

$\sum\limits_{i=1}^{n} Q_i$——该施工项目总工程量（$m^3$、$m^2$、$m$、$t$、件……）；

$\sum\limits_{i=1}^{n} Q_i = Q_1 + Q_2 + \cdots + Q_n$

$\sum\limits_{i=1}^{n} P_i$——该施工项目总劳动量（工日或台班）；

$\sum\limits_{i=1}^{n} P_i = P_1 + P_2 + \cdots + P_n = \dfrac{Q_1}{S_1} + \dfrac{Q_2}{S_2} + \cdots + \dfrac{Q_n}{S_n}$

【例3】某工程室内楼地面装饰施工分别为水磨石、贴瓷砖和贴花岗石三种施工做法，经计算其工程量分别为 $1850 m^2$、$682 m^2$、$1235 m^2$，所采用的产量定额分别为 $2.25 m^2$/工日、$3.85 m^2$/工日、$6.13 m^2$/工日，用其加权平均法计算平均产量定额，即

$$S = \frac{\sum\limits_{i=1}^{n} Q_i}{\sum\limits_{i=1}^{n} P_i} = \frac{Q_1 + Q_2 + Q_3}{P_1 + P_2 + P_3} = \frac{1850 + 682 + 1235}{\dfrac{1850}{2.25} + \dfrac{682}{3.85} + \dfrac{1235}{6.13}} = 3.14 (m^2 / 工日)$$

则该工程室内楼地面装饰施工需要劳动量为 （$1850 + 682 + 1235$）$\div 3.14 = 1200$（工日）。

使用定额计算劳动量或施工机械台班量时，关键要有正确的工程量和确定合理的定额水平。若套用国家或地方颁发的定额，则必须结合本单位工人的实际操作水平、施工机械情况和施工现场条件等因素，确定实际定额水平。对于采用新技术、新工艺、新材料、新结构或特殊施工方法的项目，施工定额中尚未编入，需参考类似项目的定额、经验资料，或按实际情况确定其定额水平。

确定劳动量或施工机械台班量，通常只对主要的施工项目运用定额进行计算。对于对工期影响不大，或者运用定额计算较复杂时，则往往不必详细计算，而凭经验给出必要的时间安排以确定起止日期和持续时间，如施工准备、脚手架的搭设与拆除、塔吊安装与拆除、技术间歇等。在安排土建工程施工进度计划时，与土建施工相配合的水、电、暖气、卫生设备等设备安装项目一般也不必计算劳动量和机械台班需要量，仅安排其在土建工程

施工中需预留预埋配合的进度。如确有必要，可另行编制安装工程施工进度计划。

2.6.5　确定各施工项目的持续作业时间

经上述计算出单位工程各分部分项工程施工项目的劳动量和机械台班数量后，就可以确定各分部分项工程施工项目的施工天数（持续作业时间），其计算公式为

$$t = \frac{P}{R \cdot C}$$

式中，t——分部分项工程持续时间（施工天数）；

P——劳动量（工日）或机械台班量（台班）；

R——拟配备人力（人数）或机械（台数）的数量；

C——工作班制。

计算分部分项工程的持续作业时间，要与整个单位工程的规定工期及本单位工程中各施工阶段或分部工程的控制工期相配合和相协调，还要与相邻分项工程的工期及流水作业的搭接一致。如果计算的持续作业时间不符合上述要求，可通过增减工人数、机械数量及每天工作班数来调整。

2.6.6　编制、检查与调整施工进度计划

在确定各分部分项工程持续作业时间以后，即可以初步编制施工进度计划。此时，必须考虑各分部分项工程的合理施工顺序，尽可能组织流水施工和立体交叉施工，力求主要施工项目或施工工种连续作业。

绘制进度计划图可以有两种形式：一种是绘制横道图，另一种是绘制网络图计划。横道图施工进度计划图表见表2-17。

表2-17　　　　　　　　　×××工程施工进度计划图表

序号	分部分项工程名称	工程量		定额	工日数	施工人数	工作班次	工作天数	施工进度（天）								
		单位	数量						××××年×月				×月				

劳 动 资 源 动 态 图

人数

时间

为了使初排的施工进度计划满足规定的目标，应认真进行检查和调整。重点检查各施工项目间的施工顺序是否合理、工期是否满足要求、资源供应是否均衡等，然后进行必要的调整和进一步地优化。

2.7　各种需用量计划的编写

有了施工进度计划，即可根据施工图、工程量计算资料、施工方案等有关技术资料，分别计算出各分部分项工程的劳动力、材料、施工机械等资源的每天需用量，将其汇总后，分别编制劳动力需要量计划，各种主要材料、构件和半成品需要量计划及各种施工机械的需要量计划。各种资源需求量计划，用以进行各项工程的施工准备，做好各种资源的供应、调度等工作。

2.7.1　劳动力需要量计划

劳动力需要量计划的编制方法是：将施工进度计划表上每天（或旬、月）施工的项目所需工人按工种分别统计，得出每天（或旬、月）所需工种及其人数，再按时间进度要求汇总。其表格形式见表 2-18。

表 2-18　　　　　　　　　　　　　劳动力需要量计划表

序号	专业工种	劳动量工日	需要人数						备注
			年　月			年　月			
			上旬	中旬	下旬	上旬	中旬	下旬	

2.7.2　主要材料需要量计划

依据单位工程施工进度计划、施工预算的工料分析等技术资料，编制主要材料需要量计划。该计划主要反映单位工程施工中各种主要材料的需要量和使用时间，它是施工现场备料、确定仓储和堆场面积以及安排材料运输的依据。其编制方法是：通过对施工进度计划表中的各分部分项施工过程所需的材料进行分析，分别按材料的品种、规格、数量和使用时间进行汇总，并制成表格。其表格形式见表 2-19。

表 2-19   主要材料需要量计划表

序号	材料名称	规格	需要量		需用时间	备 注
			单位	数量		

2.7.3 预制加工品需要量计划

预制加工品主要包括混凝土制品、木结构制品、钢结构制品以及门窗等，其需要量、使用时间或供应时间是落实加工单位、确定现场的堆场面积以及安排构件加工、构件运输和构件进场的依据。其编制方法是：通过对施工进度计划表中的各分部分项施工过程所需的构件，按钢结构、木构件、钢筋混凝土构件及门窗等不同类型分别提出构件的名称、规格、数量和使用时间，并进行汇总制成表格，见表 2-20。

表 2-20   预制加工品需要量计划表

序号	构件名称	型号图号	规格尺寸	需要量		使用部位	加工单位	供应时间	备注
				单位	数量				

2.7.4 施工机械需要量计划

依据施工方案、施工方法和施工进度计划等技术资料，编制施工机械需要量计划。该计划主要反映单位工程施工中，各种施工机械和机具的需要量和使用时间，它是落实施工机械和机具设备的来源、组织设备进场以及安排设备运输的依据。其编制方法是：通过对施工进度计划表中的各分部分项施工过程每天所需的机械和机具设备，分别按所需机械设备的类型、数量和使用日期进行汇总，并制成表格，见表 2-21。

表 2-21   施工机械需要量计划表

序号	施工机械名称	型号	规格	功率	数量	进场时间	出场时间	备注

2.8　施工平面图的编写

单位工程施工平面图是对拟建单位工程施工现场所作的平面规划和空间布置图。一般来讲，应分不同的施工阶段进行布置（如基础施工平面布置、主体结构施工平面布置、装修施工平面布置），但通常以主体结构施工平面布置为主。

2.8.1　施工平面图设计的内容

单位工程施工平面图主要表达单位工程施工现场的平面布置情况，通常应包括如下内容：

（1）已建和拟建的地上和地下的一切建筑物、构筑物以及其他设施（如周边毗邻道路和管线等）的位置和尺寸。

（2）测量放线标桩（如坐标控制点和水准点）位置。

（3）移动式起重机开行路线、轨道布置和固定式垂直运输设备（塔吊、龙门架）安装位置。

（4）建筑材料、构件、成品、半成品以及施工机具等的仓库和堆场。

（5）各种生产性临时设施，如搅拌站、钢筋棚、木工棚、工具房、实验室、安全设施，以及为满足施工要求而设置的其他设施。

（6）施工管理用房和生活福利性临时设施，如门卫室或传达室、办公室、娱乐室、宿舍、食堂、卫生间、车棚等。

（7）场外交通引入位置和场内道路的布置。

（8）临时给排水管线、临时用电（包括电力、通信等）线路等布置。

（9）临时围墙及保安和消防设施等。

（10）必要的图例、比例尺、方向及风向标记等。

2.8.2　施工平面图设计的基本原则

（1）在保证施工顺利进行的前提下，现场布置应尽量紧凑，节约用地，便于管理，不占或少占农田，减少施工用的管线，降低成本。

（2）合理地组织现场的运输。在保证现场运输道路畅通的前提下，最大限度地减少场内运输，特别是场内二次搬运。各种材料应尽可能按计划分期分批进场，充分利用场地。各种材料堆放位置应根据使用时间的要求，尽量靠近使用地点，运距最短，既节约劳动力，也减少材料多次转运中的消耗，可降低成本。

（3）通过精心计算和设计，控制临时设施规模，降低临时设施费用。在满足施工的条件下，尽可能利用施工现场附近的原有建筑物作为施工临时设施，从而减少临时费用。

（4）临时设施的布置应便利于施工管理及工人的生产和生活，使工人至施工区的距离最近，往返时间最少；办公用房应靠近施工现场；福利设施应在生活区范围之内。

（5）遵循建设法律法规对施工现场管理提出的要求，为生产、生活、安全、消防、环保、城管、市容、卫生防疫、劳动保护等提供方便条件。

2.8.3 施工平面图设计的步骤与方法

1. 垂直运输机械的布置

垂直运输机械的布置位置直接影响仓库、搅拌站、各种材料和构件等位置及道路和水、电线路等的布置，因此，必须首先予以确定。垂直运输机械的位置要根据建筑物四周的施工场地条件及吊装工艺确定。如在起重机起重臂覆盖范围内，应使起重机的起重幅度能够将材料和构件直接起吊并运到任何施工地点，避免出现"死角"。因此，在平面图上要注意标明起重臂最大半径，并画圆弧表明起吊范围。

2. 各种材料、构件堆场、搅拌站、加工棚及仓库的布置

各种材料、构件堆场、搅拌站、加工棚及仓库的布置位置应尽量靠近使用地点或在塔式起重机服务范围之内，同时，应尽量靠近施工道路，便于运输和装卸。

（1）材料堆场的布置。各种材料堆场的面积应根据施工进度计划，计算确定材料的需用量的大小、使用时间的长短、供应与运输情况等。堆场应尽量靠近使用地点，并尽量布置在塔吊服务范围内。

在基坑边堆放材料时，应设定与基坑边的安全距离，必要时，应对基坑边坡稳定性进行验算，防止塌方事故；围墙边堆放砂、石、石灰等散状材料时，应做高度限制，防止挤倒围墙，造成意外伤害。

（2）预制构件的布置。预制构件的堆放位置应根据吊装方案确定，大型构件一般需布置在起重机械服务范围内，堆放数量应根据施工进度、运输能力和施工条件等因素确定，实行分期分批配套进场，以节省堆放面积。

（3）搅拌站的布置。使用商品混凝土的城市，现场主要是砂浆搅拌站，其位置应尽可能布置在垂直运输机械附近或塔吊的服务范围之内，以减少水平运距；尽可能布置在场内道路附近，以便于砂和水泥进场及拌和物的运输；搅拌站应有后台上料的场地，以布置水泥、砂、灰膏等搅拌所用材料的堆场。

（4）加工棚的布置。木工棚、钢筋棚等，宜设置于建筑物四周稍远处，并有相应的材料及成品堆场。若有电焊间、沥青熬制间等易燃或有明火的现场加工棚，则要离开易燃易爆物品仓库，布置在施工现场的下风向，并要有消防设施。

（5）仓库的布置。首先，应根据仓库放置的材料以及施工进度计划对该材料的需求量，计算仓库所需的面积。其次，按材料的性质以及使用情况考虑仓库的位置。水泥仓库要考虑防止水泥受潮，应选择地势较高、排水方便的地方，同时应尽量靠近搅拌机；各种易燃、易爆物品或有毒物品的仓库（如各种油漆、油料、亚硝酸钠、装饰材料等）应与其他物品隔开存放，存量不宜过多，仓库内禁止火种进入并配有灭火设备；木材、钢筋及水电器材等仓库，应与加工棚结合布置，以便加工就近取材。

3. 场内施工道路的布置

场内施工道路一般应围绕拟建建筑物布置成环形，且应按现场各种设施的需要进行布置，既要考虑各种施工设施（如材料堆场、加工棚、仓库等设施），又要考虑各种生活性设施（如食堂、宿舍等）的需要。施工道路应畅通无阻，方便车辆的转弯和调头。

4. 施工管理用房和生活福利性临时设施布置

临时设施主要包括办公室、宿舍、工人休息室、食堂、开水房、厕所、门卫等。首先应计算各种所需临时设施的面积，其次应考虑使用方便，有利于生产、安全防火和劳动保护等要求。通常情况下，办公室应靠近施工现场或工地出入口，以方便工作联系。工人休息室应尽量靠近工人作业区，宿舍应布置在安全的上风向位置，门卫及收发室应布置在出入口处，以方便对外交往和联络。

5. 施工临时用水用电的管线布置

上述布置全部确定后，便可进行施工临时用电用水的管线布置，也就是将水和电从水源、电源处通到各用水、用电处。

（1）施工给水管线的布置。现场用水包括施工用水、生活用水以及安全消防用水等。首先，应进行用水量的设计计算，主要包括用水量计算（包括生产用水、机械用水、生活用水、消防用水等）以及给水管径的确定。然后，进行给水管网的布置，主要包括供水水源、管路布置、用水设施布置、消防设施布置、储水及配水设施布置等。供水水源应尽量由建设单位的干管接入，或直接由城市给水管网接入；管路布置应力求管网总长度最短，且方便现场其他设施的布置；场内应按防火要求布置消防栓，消防栓应沿道路布置（距路边不大于2m，距建筑物外墙不应小于5m，也不应大于25m，消防栓的间距不应超过120m），且应设有明显的标志，周围3m以内不准堆放建筑材料；管线可暗铺，也可明铺，其布置形式有环形、枝形、混合形三种。高层建筑施工给水系统应设置蓄水池和加压泵，以满足高空用水的需求。

（2）施工供电线路的布置。对于单位工程施工用电布置，要先计算出施工用电总量（包括电动机用电量、电焊机用电量、室内和室外照明电量等），并选择相应变压器，然后计算导线截面积，并确定供配电方式。

施工临时用电必须执行强制性标准，采用三厢五线、三级配电、两级保护，要求"一机、一闸、一漏、一箱"，要有明显标志，在线路布置中应予以充分考虑。

为了维修方便，施工现场一般采用架空配电线路，并尽量使其线路最短。要求现场架空线与施工建筑物水平距离不小于1m，线与地面距离不小于4m；跨越建筑物或临时设施时，垂直距离不小于2.5m，线间距不小于0.3m。

线路应尽量架设在道路的一侧，在低压线路中，电杆间距应为25~40m，分支线及引入线均应由电杆处接出，不得在两杆之间接线。

线路应布置在起重机的回转半径之外，否则应搭设防护栏，其高度要超过线路2m，机械运转时还应采取相应措施，以确保安全。现场机械较多时，可采用埋地电缆，以减少互相干扰。

变压器应远离交通要道口处，布置在现场边缘高压线接入处，离地应大于3m，四周设有高度大于1.7m的铁丝网防护栏，并有明显标志。

2.8.4　施工平面图的绘制

上述各设计步骤分别确定了施工现场平面布置的相关内容，在此基础上，依据布置方案，将其绘制成施工平面布置图。绘制施工平面布置图的基本要求是：表达内容完整，比例准确，图例规范，线条粗细分明、标准，字迹端正，图面整洁、美观。绘制施工平面布置图的一般步骤为：

1. 确定图幅的大小和绘图比例

图幅大小和绘图比例应根据工地大小及布置的内容多少来确定。图幅一般可选用1号图纸或2号图纸，比例一般采用1：200～1：500。

2. 合理规划和设计图面

绘制施工平面图，应以拟建单位工程为中心，突出其位置，其他各项设施围绕拟建工程设置。同时，应表达现场周边的环境与现状（如原有的道路、建筑物、构筑物等），并要留出一定的图面绘制指北针、图例和标注文字说明等的位置。

3. 绘制建筑总平面图中的有关内容

依据拟建工程的施工总平面图，将现场测量的水准点、可用地范围（边线）、施工临时围墙、经批准的临时占道范围、现场内外原有的和拟建的建筑物、构筑物和运输道路等其他设施按比例准确地绘制在图面上。拟建的建筑物用粗实线绘制，原有建筑物、构筑物和运输道路等其他设施用细实线绘制。

4. 绘制施工现场各种拟建临时设施

根据施工平面布置要求和面积计算的结果，将所确定的施工道路、仓库、堆场、加工厂、施工机械、搅拌站等的位置、尺寸和水电管线的布置按比例准确地绘制在施工平面图上。

5. 审查整理、完善图面内容

按规范规定的线型、线条、图例等对草图进行整理，标上图例、比例、指北针、风玫瑰图和文明施工工地所设置的花坛、花盆、旗杆、宣传栏等，并做必要的文字说明，最终成为正式的施工总平面图。

施工平面图中常用图例见第3章3.6节。

2.9 施工技术、组织与管理措施的编写

施工技术、组织与管理措施是指为保证工程施工质量、进度、安全、成本、环保、冬雨季施工、文明施工等方面，在技术和组织上所采用的措施。施工技术组织措施的制定，应在严格执行施工技术规范、施工验收规范、检验标准、操作规程等前提下，针对工程施工特点，制定既行之有效又切实可行的措施。

2.9.1 保证质量的技术组织措施

包括：制定质量方针和目标，建立现场质量管理体系，设立质量控制点，实施工艺标准，加强质量监督等。下面是工程保证质量的技术组织措施实例摘录，仅供参考。

1. 质量保证体系

（1）目标：确保本工程质量达到优良（合格）工程，争创××奖。

（2）思想保证体系：为了保证提高工程质量，必须加强全体职工的质量教育，其主要内容有：

①质量意识教育。要使全体职工认识到保证和提高质量对国家、企业和个人的重要意义，树立"质量第一"和"为用户服务"的思想。

②全面质量管理知识的普及宣传教育。要使企业全体职工了解全面质量管理知识的基本思想、基本内容，掌握其常用的数理统计方法和标准，懂得质量管理小组的性质、任务和工作方法。

③技术培训。让工人熟悉掌握本人的"应知应会"技术和规程等；技术和管理人员要熟悉施工验收规范、质量评定标准，原材料、构配件的技术要求及质量标准，以及质量管理的方法等；专职质量检验人员能正确检验和计量测试方法，熟练使用其仪器、仪表和设备，使全体职工具有保证质量和技术业务知识的能力。

④虚心接受质量监督。施工中积极与业主、监理、设计、质监等部门配合，接受其指导、检查和监督，及时改进操作方法和操作技巧，不断提高质量水平。

（3）组织保证体系：按 ISO9002 标准建立质量保证体系，落实岗位责任制，实行全面质量管理，明确各级机构职责分工，公司设置质量管理部门，项目经理部建立质量管理小组或配备专职检查人员，班组要有不脱产的质量管理员，从上到下形成一个完整的质量管理组织系统。

（4）工作保证体系：为了保证和提高工程质量，还必须建立工作保证体系。该体系按照科学程序运转，其基本形式是 PDCA 管理循环，即通过计划（Plan）、实施（Do）、检查（Check）和处理（Action）四个阶段把生产经营过程的质量活动有机地联系起来。

2. 质量和管理措施

（1）质量管理措施：

①图纸会审：图纸是施工依据，必须认真熟悉和学习图纸，了解设计意图，如发现设计中存在差错与施工条件矛盾或存在难以保证质量之处，应采取有效措施加以解决。

②认真贯彻与实施施工组织设计是确保工程质量的基础，是保证工程经济合理、有计划、有秩序地进行施工的重要措施和先决条件。

③建筑材料是工程实体的组成部分，它的质量直接影响工程质量，因而必须现场进行抽样检验，不合格的产品不准进场。

④施工机具、设备和仪器应由专人管理和定期检修，以保证其完好和精度。

（2）保证质量措施：

①把好五关，即人员关、材料关、工艺关、检验关和信息管理关，使工程质量在施工中得到有效控制，确保质量目标的实现。

人员关：把好各施工班组素质关，选用技术过硬、施工经验丰富的人员参与施工，上岗前对其技术水平进行考核，及时调换不合格人员，各特种作业人员必须持证上岗。

材料关：把好材料采购、运输、储存、使用等质量关，施工中使用各种材料和半成品必须符合设计要求及规范要求，必须有出厂合格证，并按规定取样送检，合格后方可使用，坚决杜绝使用次品。

工艺关：施工中严格按国家有关质量的标准、规程和规范施工，坚持合理的施工程序，程序化、标准化施工。

检验关：施工中坚持三检制度，即自检、互检、交接检，从而实行质量层层把关。对隐蔽工程，在质检员验收后，方可通知建设方、监理方、设计、质监等部门进行验收，合格后方可进行下道工序施工。

信息管理关：按公司质量控制程序要求，及时搞好项目质量信息的整理、反馈工作，项目部技术负责人对所收集的质量信息进行正确分析，对质量进行动态控制，对施工中出现的问题及时找出原因，分析原因，制定预防措施，消除质量通病。

②建筑物定位、放线、标高与轴线引测由专人操作和负责。先根据建设单位移交的坐标原点和水准点进行建筑物的定位放线和水准标高的复测，配备 J2 级经纬仪和 S2 水准仪，测量仪器按规定定期检查校正，以保证测量成果的精度。

③地下室工程防渗漏：地下室工程施工最关键就是防渗漏，施工时必须做好如下几点：

a. 模板平整，拼缝严密不漏浆，并有足够的刚度、强度，支撑模板的脚手架牢固稳定，能承受混凝土拌和物的侧压力和施工荷载，穿过防水砼，固定模板的对拉螺栓中间加焊止水环，止水环直径 10cm，每根不少于 1 环。

b. 钢筋砼墙上不得留架眼，预留套管按设计要求加焊止水环，所有埋件在支模时埋入，严禁自防水砼构件在砼浇捣后凿打。

c. 抗渗砼严格按施工配合比投料，设专人进行计量，确保配合比准确，按试配要求掺入抗渗剂。

d. 砼浇筑施工前，先对输送泵、塔吊进行一次检修，并安排修理工随时待命抢修施工中损坏的设备，确保砼连续性浇筑，不因机械原因而影响工程质量。

e. 防水砼养护：防水砼养护对其抗渗性能影响极大，因此，当砼进入终凝（浇筑后约 4～6h，缓凝时可达 8h）即开始浇水养护和用麻袋、薄膜覆盖，养护时间不少于 14d。

④模板工程：模板工程是砼外观质量的关键，模板的制作质量至关重要，刷脱模剂保护，装拆不能乱丢，梁、柱板模板的拼装和支撑系统按整体设计计算，保证模板尺寸准确。同时，确保有足够的刚度和强度，不发生走模、胀模和下沉现象，使砼成型正确，内实外光。应特别注意梁柱接头处严密及柱箍牢固，以免发生外鼓、走模现象。

⑤钢筋工程：应设专人验收入库钢筋，划分不同钢筋堆放区域，每堆钢筋应立标签或挂牌，表示其品种、等级、直径、技术证明编号及整批数量等；钢筋加工前，应先取得试验合格证，钢筋隐蔽外，应对钢筋逐根检查和保护层检查，不合格立即剔除更换。钢筋绑扎好后设运输道进行保护，以防止踩坏钢筋。

⑥砼工程：严格控制砼配合比，经常检查计量装置准确度，砼拌和均匀，坍落度适合，防止蜂窝；模板表面清洗干净，不得沾有干硬水泥、砂浆等物，浇筑砼前，模板应充分湿润，模板缝隙堵严，防止麻面；在砼密集处及复杂部位，采用细石子砼浇灌，认真分层振捣密实或配人工捣固，防止孔洞；浇筑砼应保证钢筋位置和保护层厚度正确，并加强检查，防止露筋；木模板在浇筑砼前应充分湿润，砼浇筑后应认真养护，拆除侧模时，砼应具有 1.2Mpa 以上强度，防止缺棱掉角；严格按施工规范要求处理施工缝及变形缝表面，接缝处锯屑、泥土砖块等杂物应清理干净，防止缝隙、夹层；浇筑砼后，应根据水平控制标高或弹线用抹子找平、压光，中凝后浇水养护，防止表面不平整，水泥应有出厂合格证，新鲜无结块，过期水泥不得使用，砂、石子粒径、级配、含粒量等符合制配要求，

严格控制配合比，保证计量准确，砼应按顺序拌制，保证搅拌时间和拌匀，防止强度不够、均质性差。

⑦砌体砂浆：砂浆配合比的确定应结合现场的材质情况进行试配，在满足砂浆和易性的条件下，控制砂浆的强度；建立施工计量工具检验、维修、保管制度，以保证计量的准确性；不宜选用标号过高的水泥和过细的砂子拌制砂浆，严格执行施工配合比，保证搅拌时间；拌制砂浆应加强计划性，日拌制量应根据所砌筑的部位决定，尽量做到随拌随用，少量储存，使灰槽经常有新拌制的砂浆。

⑧砌体墙：应使操作者了解砖墙组砌形式和满足传递荷载的需要，墙体组砌形式的选用，应根据所砌部位的受力性质和砖的规格尺寸误差而经常变动组砌形式；改进砌筑方法，不宜采取推尺铺灰法或摆砖砌筑；严禁用干砖砌墙，砌筑前 1~2h 应将砖浇湿，使砌筑时黏土砖的含水率达到 10%~15%。

⑨门窗安装工程：门窗洞的预埋木砖、铁件应安装牢固，木砖应做防腐处理。门窗框的安装要水平通线，保证左右窗在同一水平线上，上、下窗在同一垂直线上。门窗框与门窗洞墙面之间必须留有粉刷位置。注意门窗安装质量，小五金规格一致，安装位置方式统一。

⑩装饰工程：为保证装饰工程质量达到优良标准，将从材料采购、管理及操作上采用如下措施：

a. 墙与柱、梁连接处，采用铺钉钢丝网后再进行粉刷的施工方法，以防止由于两种材料线膨胀系数不同而产生温度裂缝，形成渗漏。

b. 墙面抹灰前，先在砼基层上凿毛并充分浇水湿润，然后在砼面层满涂水泥：水：107 胶 = 1：0.5：0.15 的水泥胶抹一道，随抹随打底灰，以封闭基层表面毛细孔增强底灰粘结力。

c. 装饰材料采购时，应比质、比价，优先选用质量好、信誉高的名优产品。严格按照操作规程操作施工。组织以质量为核心的劳动竞赛活动，粉灰装饰班组大面积施工前，挑选技术尖子施工"样板间"、"标准面"，并以此作为操作验收标准。

⑪预埋工程：水、电工程等预埋与土建主体施工同步进行。确保预埋件位置、型号、数量准确无误，安装牢固可靠，严禁事后凿墙打洞。安装工程与土建内装修穿插进行，施工时注意双方的协作互助，注意工序的先后次序，防止打乱仗。灯具安装牢固，安装前先弹线定位，确保位置准确，规则整齐，高度一致。上下水管、管道安装支架牢固，水管安装坡度均匀，无倒坡，并及时堵死封管道甩口，防止杂物掉进管内。卫生器具接口严密，安装牢固。

⑫成品和半成品保护措施：

a. 钢筋堆放时用垫木垫起，并做好四周的排水处理，确保钢筋不锈蚀。钢筋绑扎好后，设立移动式竹胶板活动便道，施工人员均从上面通过，避免踩坏钢筋。

b. 下雨时，砌体材料采用彩条布进行覆盖，严格控制上墙时砌体的含水率。

⑬屋面防渗漏：关键在于防水卷材的施工。防水卷材材质要符合要求，卷材与基层及卷材之间的搭接缝必须粘结牢固，满足搭接长度和宽度要求。铺贴时，需一气呵成，沿垂直于坡度方向由低向高层铺贴，不允许有漏粘、翘边等缺陷。屋面转角、周边等部位的搭

接严格按设计及标准做法施工。同时，在施工下道工序时，应注意成品保护，做好隐蔽检验记录。

⑭卫生间防渗漏保证措施：厕所处渗漏，主要是因为穿越楼板管道根部、管道接口和阀门渗漏，楼面渗漏，卫生间渗漏等。施工时，穿越楼面处所设套管应高出楼面 30mm，管道安装后采用掺入 10% 左右 UEA 膨胀剂的 C20 细石混凝土吊模堵孔。抹水泥砂浆找平层时，管道周围应略高些，坡向地漏坡度准确，卷材防水层施工后按规范做 24h 蓄水试验，不渗不漏后，方可进行下一道工序施工。

2.9.2 控制施工进度和保证工期的措施

包括：明确进度安排的主导思想，采取有效的工期保证措施；必要时，编制月（旬）施工作业计划，加强人力调度和物质供应工作；经常性地检查计划的执行情况，调整施工进度计划，进行施工进度分析及时采取对策；等等。下面是工程控制施工进度和保证工期措施实例摘录，仅供参考。

1. 进度安排的主导思想

集中力量抢主体，多头穿插保装修，进度安排做到积极可靠。充分发挥组织效应，坚持实事求是，加速工程进度，争取提前交付使用。

2. 具体安排

根据国家工期定额，结合该工程的结构特点和分部分项工程量，确定本工程的施工工期为×××天，施工进度计划安排具体详见施工网络图和进度计划表。

3. 保证工期措施

（1）为保证工期要求，首先必须做好施工准备工作：

①技术准备：任务确定以后，提前与建设单位、设计、监理等单位结合，使方案的设计在质量、功能、工艺技术等方面均能适用建材、建工的发展水平，为施工扫除障碍。

②熟悉和审查施工图纸：审查施工图纸是否完整和齐全，施工图纸与其说明书在内容上是否一致，施工图纸及其各组成部分之间有无矛盾和错误；建筑图与其相关的结构图在尺寸、坐标、标高和说明方面是否一致，技术要求是否明确；熟悉其工艺流程；掌握拟建工程特点，了解需要采用哪些新技术。

③物质准备：任务确定后，立即搞好建筑材料准备、施工用具的准备、劳动力组织准备。

④施工现场准备：施工现场控制网测量，做好"三通一平"，认真设置消防栓，建筑临时设施，组织施工机具进场，组织材料进场，组织劳动力进场。

⑤施工项目实行项目经理全面负责，管理层对项目经理负责，所有进场人员定岗、定职、定工作责任。

（2）加强现场管理：成立现场项目经理部，项目经理、施工员长驻工地，与施工人员同吃同住。担任工地总调度，及时解决施工中遇到的问题，保证施工中各环节、各专业、各工种之间的协调与平衡。对工程质量、安全进行监督、对人、财、物进行统一调度，确保施工顺利进行。

（3）搞好材料及构件进场计划：项目部由预算员按施工网络进度计划将每月所需材

料采购、供应详细情况及时报给材料员，并注明材料、设备采购供应的日期、数量、型号等，以便于安排供应计划，保证原材料和构件的及时供应，使工程能正常顺利进行。

（4）投入先进的施工机械和足够的模板等周转材料。垂直运输采用 1 台 QTZ30 型塔吊，填充墙砌筑采用 1 台门式吊，砼采用 2 台 ZJ500 强制式搅拌机，1 台砼输送泵，砂浆采用 2 台 U200 型和灰机，楼面模板按两层配制，柱模板按两层模板配制，架料准备 250t，确保工程所需。

（5）选用技术娴熟的施工班组，合理增加劳动力。

（6）应用先进管理制度，对工期网络和资源优化进行动态控制。使节点工期得到有效的控制，从而保证总工期的实现。

（7）根据进度计划编制相应的人力、资源需用量计划，确保人力资源满足计划执行的需要，为计划的执行提供可靠的物质保证。

（8）施工方案采用"平行与立体"作业交叉进行，工作安排采取先天安排、当天调整的办法穿插组织，利用空间作业，提高生产效率。

（9）按施工网络进度计划组织施工，强化施工管理，抓住主导工序，对工程关键线路上的工序，如主体阶段支模、混凝土浇捣等工序，采用两班制或三班制进行施工。对非关键线路上的工序，也根据它允许的最早开始时间和最迟结束时间合理安排好工序的衔接和穿插。力争不影响总工期。

（10）每月底向建设方、监理提交工程进度报告和下月生产计划，如实际和计划有差异时，分析产生的原因，提出调整的措施与方案，报请业主、监理审批后实施。

（11）在总工期控制下，牢牢把握住分项工程（基础、主体工程）验收时间控制点，与班组分阶段签订进度承包合同，设工程进度奖，用经济手段促进工程进度。

（12）加强安全管理，杜绝安全隐患，让工人能安心工作，加强行政管理，让工人吃好、休息好，工作时精力充沛。

（13）加强现场管理，避免各种矛盾，制定矛盾应急措施。

（14）做好施工进度控制计划的宣传交底工作，使计划做到人人皆知，使生产目标明确，减少盲目性。

（15）加强工程质量管理，工程做到配套竣工，一次性竣工验收达到建设方提出的质量标准。

2.9.3　安全防护技术组织措施

包括：制定安全管理目标，建立安全保证体系，贯彻施工安全法规及制度，加强安全教育和安全检查，实行安全责任制，制定安全守则，采取安全具体措施等。下面是工程安全防护技术组织措施实例，摘录仅供参考。

1. 安全目标

按建设部颁发的《施工现场综合考评试行办法》和《建筑施工安全检查标准》（JGJ59—2011）进行管理，组织施工，创建文明安全工地，确保安全无事故。

2. 安全技术操作规程

（1）施工现场：

①操作人员要熟知本工种的安全操作规程，在操作中，要坚守工作岗位，严禁酒后操作。

②各种专业工人必须经过专门训练，考核合格后发给操作证，方许独立操作。

③正确使用个人防护品和安全防护措施，进入施工现场必须戴安全帽，禁止穿拖鞋或光脚。

（2）机电设备：

①机械和设备动力机座必须稳固，转动危险部位要设置防护装置。

②电气设备和线路必须保证绝缘，电线不得与金属物绑在一起。各种电动机必须按规定接零线接地，并设置一闸刀开关，临时停电、停工休息时，必须拉闸加锁。

③施工机械和电气不得带病运转和超负荷作业，发现不正常情况应停机检修，不得在运转中修理。

④电气、仪表和设备试运转，应严格按照单项安全技术措施进行，运转时不准擦洗和修理，严禁将头或手伸入行程范围内。

（3）季节施工：

①暴雨前后要检查工地临时设施、机电设备、临时线路，发现倾斜、变形、下沉、漏雨、漏电等现象，应及时加固，有严重危险的，应立即排除。

②本工程施工季节有温度较高的夏季及低温的冬季，因此在夏季施工时，工地应架设凉棚和供应茶水，做好防暑降温工作，冬季则注意做好保温防寒工作。

3. 安全技术措施

（1）为确保建筑物附近过往人员及车辆的安全，沿建筑物四周砌好围墙，将施工区完全隔离开，确保施工安全。

（2）基坑支护：基坑开挖后，沿基坑上壁采用钢架管搭设不低于1.5m的防护栏杆，刷上红白相间的警戒漆，夜间在基坑四周保证足够的照明，防止施工人员掉入坑内。

（3）人工挖孔灌注桩施工时进下采用24V以下安全电压，采用鼓风机向井下送氧气，确保井下有充足的氧气。每天开工前，由安全员下井检测气体，发现有毒气体及时排除。桩成孔后未浇灌砼前，并采取覆盖措施，确保施工安全。操作人员进出孔内不得乘吊桶上下，必须另配钢丝绳及滑轮，并设置断绳保护装置。

（4）脚手架安全技术要求：脚手架按建筑周边长度30m内不少于一个接地保护装置，接地电阻不大于1Ω。脚手架在人员出入口需另加搭安全遮棚，其外侧除设1m高防护栏杆外，还设密目式安全立网或安全笆，防止物件从脚手架上坠落。脚手架搭设完毕，按专门制度验收挂牌使用。脚手架的日常使用管理由专人负责，定期检查。脚手架上不得超过载，多余物件随时清理。各部件连接点由安全员按每步架进行一次检查清理。对于使用中的脚手架，拆除任何一个部件都必须有审批制度，并按批准手续规定及时恢复原状，经检查后再使用。脚手架的拆除，应按脚手架技术交底规定程序进行，零部件的水平与垂直运输按专门路线及时整理运出，拆卸时应划出禁区由专人监护。

（5）砌筑工程安排技术：同一垂直面内上下交叉作业时，必须设防护隔离层（如挂棚布、竹笆或绳网），防止物体坠落伤人。现场或楼层上的坑、洞应设置护身栏杆或防护栏板，使用机械要专人管理、专人操作，机械必须经常检修维护。墙身砌体高度超过地坪

1.2m 以上时，应搭设脚手架。在一层以上或高度超过 4m 时，必须有上下马道。采用里脚手架时，必须支搭安全网，采用外脚手架时应设护身栏和挡脚板。砌墙时，不得随意拆改架子或自搭飞跳，不得用不稳固的工具或物体在脚手板上垫高操作，在架子上不能向外打砖，护身栏杆不得坐人。利用原架子做外沿勾缝时，应重新对架子进行检查和回固。雨天施工时，应在架子上采取防滑措施后，才能上架操作。五级以上大风时，应停止作业。砖石运输车辆前后距离，平道上不小于 2m，坡道上不小于 10m。脚手架上运输时，脚手板要钉牢固。运输中，跨越沟槽时，应铺宽度 1.5m 以上的马道时，架子堆料应严格控制堆重，以确保安全储备，均负荷载重不得超过 38kN/m²，集中荷载不得超过 1.5kN，侧码不得超过三层，同一块脚手板上的操作人员不得超过 2 人。

(6) 安全用电保护：

①施工现场用电采用三相五线制，用电设备采用三线配电，所有闸箱门上锁，做到一机一闸一漏电保护。

②每天由安全员检查漏电保护器是否有效。

③架空线采用绝缘铜线或绝缘铅线，严禁架设在脚手架上，架空线与邻近线路保持 6m 距离。

④所有机电设备做好接零、接地保护，传动部分设安全防护罩。

⑤配电箱采用安监站统一推广的铁制配电箱，箱中导线的进线口和出线口设在箱体的下底面，严禁在箱体上顶面、侧面处进出线路，进出线分路成束加护套并做防水弯，箱内不得放其他杂物，箱盖有防雨措施，配电箱上锁，钥匙由电工负责。

⑥严禁非值班电工私自接线，违者重罚。

(7) 起重机安全技术要求：起重机的固定防雷接地应严格按产品说明书执行，在特殊气候条件下设应急锚固措施准备；起重机经调试达到运转正常，经验收合格，并挂牌方准使用，专人开机，专人指挥，起重机上要设限位开关。

4. 安全防护

(1) 临边防护：临边防护指无外脚手架的楼层、屋面层和无防护的楼梯口；临边必须搭设防护栏杆，临时护栏或张挂安全网，在通行人流、货流处，应设置安全门或活动防护栏杆；防护栏杆由上下两道扶手及栏杆组成，上扶手离地 1~1.2m，下扶手离地 0.4~0.6m。一般扶手长度超过 2m 设立柱，栏杆用钢管搭设，安全网使用时，要符合建筑施工安全网的搭设规定。

(2) 洞口防护：墙面上有坠人可能的洞口，按临时作业的规定加以防护，洞口设专人管理，经常检查，防护措施的可靠性和完备性，安全网内积存杂物要定期清理。

(3) 交叉作业防护：在施工作业中经常在同一垂直面内施工，所以必须做好安全隔离防护，在临边、洞口附近不准存放杂物，其临时转运必须有人临护，在垂直输送落物半径内，人员行走要划出专门路线，做好隔离棚，无隔离措施不得在同一垂直面内上下、交叉作业。

5. 消防安全

(1) 工地的临时设施、食堂和易燃材料库场内配置足够的消防器材，设置消防栓，现场设立消防牌。

（2）装修阶段要特别注意防火，每层设置防火装置，木材、刨花、包装纸盒等易燃物质每天由专人清理。

（3）安全员要经常巡视灭火器的使用情况，严禁乱扔乱放，空瓶要及时更换。

2.9.4　降低费用成本措施

包括：建立成本控制组织体系及成本目标责任制；明确降低材料费用的措施，降低人工费用的措施，降低机械费用的措施，降低现场经费的措施，降低临时设施费用的措施，加速资金周转、减少贷款的措施；合理分担和规避风险，明确防止拖欠工程款的措施；建立施工项目成本核算制等。具体可采取如下措施：

（1）建立成本控制组织体系及成本目标责任制，实行全员、全过程成本控制，搞好设计变更、索赔等工作，加快工程款回收。

（2）临时设施尽量利用场地现有的各项设施，或利用已建工程作临时设施，或采用工具式活动工棚等，以减少临设费用。

（3）进行合理的劳动组织，提高劳动效率，尽量避免窝工和怠工现象，减少总用工数。

（4）增强物资管理的计划性，从采购、运输、现场管理、材料回收等方面最大限度地降低材料成本。这是降低工程成本的关键，应设专人进行管理。

（5）综合利用吊装机械，提高机械利用率，减少吊次，以节约台班费。缩短大型机械进出场时间，避免多次重复进场使用。

（6）增收节支，减少施工管理费的支出。

（7）保证工程施工质量，减少返工损失。

（8）保证安全生产，减少事故频率，避免意外工伤事故带来的损失。

（9）合理进行土石方平衡，以节约土方运输及人工费用。

（10）提高模板精度，采用工具模板、工具式脚手架，加速模板、脚手架等临时性周转材料的周转率，以节约模板和脚手架的分摊费用。

（11）采用新技术、新工艺，提高工作效率，降低材料消耗，节约施工总费用。例如，采用先进的钢筋连接技术，以节约钢筋；在砂浆或混凝土中掺外加剂或掺和料（粉煤灰等），节约水泥用量。

（12）编制工程预算时，应"以支定收"，保证预算收入；在施工过程中，要"以收定支"，控制资源消耗和费用支出。

（13）加强经常性的分部分项工程成本核算分析及月度成本核算分析，及时反馈，以纠正成本的不利偏差。

（14）对费用超支风险因素（如价格、汇率和利率的变化，或资金使用安排不当等风险事件引起的实际费用超出计划费用）有识别管理办法和防范对策。

2.9.5　文明施工措施

包括：贯彻《建设工程施工现场综合考评试行办法》（407号通知）的规划，保持场容、场貌；加强现场料具管理、现场消防保卫；明确职工生活设施的维护、道路的维护、清洁卫生工作等措施的规划。下面是工程文明施工措施实例摘录，仅供参考。

1. 场容场貌

（1）为确保工程现场文明施工，应尽量避免影响附近居民正常的工作、生活秩序，做到施工不扰民，垃圾不乱倒，车辆不沾泥，污水不外流，管线不破坏，粉尘不乱扬。首先搞好施工现场周围的围护作业，在现场主要入口设 6m 宽门楼。进出口设门卫，建立门卫制度，派专人守卫，非施工人员一律不准进入场内。利用围墙书写标语、标牌，做好宣传工作。

（2）在现场主出入口设置"五牌一图"，即工程概况牌、管理人员名单及监督电话牌、消防保卫牌、安全生产牌、文明施工牌和施工现场平面图。

（3）场内地面采用 C15 素砼硬化，施工道路坚实、平坦、整洁，施工中保持畅通，现场生活区和生产区区明确分开，场内划分卫生责任区，设标志牌，分片包干到人。

（4）工地建筑垃圾集中堆放、定期清运。施工和生活污水经净化后有组织地排入城市下水道，现场发现有积水及时清理，现场道路和排水管道随时保持畅通，发现有堵塞现象及时疏导，以免影响周围环境。

（5）在工地办公室挂好施工许可证和各管理人员的上岗证、相片，管理人员一律佩戴胸卡，卡上标明所管职务。进入施工现场人员一律戴好安全帽，按管理人员戴红色安全帽，特种作业人员戴黄色安全帽，其余工种施工人员戴蓝色安全帽。

2. 材料堆放、环境卫生

（1）做到"四净三无"：施工场地整洁干净，砖、灰、砂、水泥彻底用净，门窗、水、卫、电线上的残灰浆清理干净，现场临时设施等室内外打扫干净，道路畅通无阻碍，排水畅通无积水，场地干净无垃圾。

（2）做到"五不见"：不见材料半成品等乱堆乱放，不见架具、模板等乱堆乱扔，不见碎砖头、五金材料等乱丢，不见灰浆、木屑余料，不见焊把线遍地走。

（3）做到"六整齐"：现场钢筋、木材、水泥、砖、砂石等堆放整齐，架设工具、模板及构件堆放整齐，搅拌站内外整齐，临时设施搭设、消防用具安放整齐，安全网、护栏设置整齐。各类材料构件及半成品堆场及临时设施搭设均按审批后的施工平面布置图布置，材料分类堆放，堆码整齐。施工机械定点安放，每台机械设操作负责人，维修保养及时。

（4）做到"四清"：工完场地清，活完脚下清，当日作业当日清，设备停用刷洗清。

（5）楼面建筑垃圾由专人负责倒送，坚决杜绝从楼层上往下倾倒建筑垃圾，以免灰尘飞扬，污染环境。

（6）砼、砂浆等搅拌作业现场，设置沉淀池，使清洗机械和场地的污水经沉淀后再排入城市下水道。

3. 治安管理

（1）对职工进行文明教育，提高全员文明施工意识。防止发生偷盗、打架斗殴、赌博等违法乱纪等事件发生。建立文明公约和责任区，场地清扫分片包干，车辆进出场符合环卫部门有关规定，文明施工，创造良好的工作环境。

（2）施工现场制定文明施工条约，项目部对进场施工人员进行登记，制成花名册，建立人事档案，成立现场文明施工领导小组，定期对全体施工人员进行文明教育，强化文明施工意识。不定期地组织文明施工检查，建立奖罚制度，确保文明施工。

4. 生活设施

（1）搞好食堂文明卫生，炊事员定期检查身体，持健康证和卫生许可证上岗。腐败变质的食品，不得给施工人员食用，按时供应热、开水，定期打扫卫生，施工现场设置水冲式厕所，每天由专人冲洗，做好工人的后勤工作。

（2）做好施工人员的劳动保护工作，按规定发放劳动保护用品，确保施工人员身心健康。项目部设医务室，设一名专职卫生保健员，配备好各种急救医药用品供施工人员使用。

（3）食堂、仓库、木工棚等处设消防灭火器，切实注意防火工作。

5. 社情处理

（1）妥善处理好周边环境，尽量避免夜间施工，服从环卫部门统一规定，接受附近居民的监督，如工序要求必须连续作业时，则应报业主和主管部门批准，发出安民告示，一般情况下应做到夜间 10 点钟前使用噪声小的施工机具。

（2）职工进场主动凭身份证到当地派出所办理好暂住证、计划生育证、卫生许可证，施工人员名单在派出所备案，配合做好施工期间治安联防工作。

2.9.6 环境防护措施

施工组织设计中应有针对性的环境保护措施，并在施工作业中组织实施，包括：对污染进行分析，对各种污染的预防措施和排除措施。以下是工程环境防护措施实例摘录，仅供参考。

1. 防止水污染

（1）凡进行现场搅拌作业的，必须在搅拌机前台及运输车清洗处设置沉淀池，废水经沉淀后排入市政污水管线或回收用于洒水除尘。

（2）现场存放油料，必须对库房进行防渗漏处理，储存和使用都要采取措施，防止油料跑、冒、滴、漏，污染水体。

（3）凡进行现场水磨石工艺作业和使用乙炔发生罐作业产生的污水，必须控制污水流向，在合理的位置设置沉淀池，经沉淀后方可排入市政污水管线。施工污水严禁流出施工区域，污染环境。

（4）施工现场临时食堂，用餐人数在 100 人以上的，应设置简易有效的隔油池，加强管理，定期掏油，防止污染。

2. 防止噪声污染

施工现场应遵守《建筑施工场界噪声排放标准》（GB12523—2011）制定的降噪制度和措施。凡在居民稠密且进行强噪声作业的，必须严格控制作业时间，不得超过 22 时；必须昼夜连续作业的，应尽量采取降噪措施，做好周围群众工作，并报工地所在区、县环保局备案后方可施工；对人为的施工噪声应有降噪措施和管理制度，并进行严格控制，最大限度减少噪声扰民。

3. 防止大气污染

施工现场大气污染主要集中在清理施工垃圾、道路扬尘、搅拌设备扬尘、烟尘、沥青使用等几个方面。根据工程的实际情况，施工组织设计中应制定具体措施，并指定专人负责。

（1）清理施工垃圾。必须搭设封闭式临时专用垃圾道或采用容器吊运，严禁随意凌空抛撒。施工垃圾应集中及时清运，适量洒水，减少扬尘。

（2）在规划市区、居民稠密区、风景游览区、疗养区及国家和地区划定的文物保护地区的施工现场，应制定洒水降尘制度，配备设备及指定专人负责。施工现场使用的锅炉、茶炉、大灶必须符合环保要求。锅炉、茶炉应有除尘消烟设备。烟尘排放黑度达到林格曼一级以下。

（3）水泥和其他易飞扬的细颗粒散体材料应安排在库内存放或严密遮盖，运输时要防止遗撒、飞扬，卸运时应采取有效措施，以减少扬尘。拆除旧有建筑时，应随时洒水，减少扬尘污染。

（4）施工现场临时道路应结合设计中的永久道路布置。施工道路的基层做法按设计要求执行，面层可分别采用细石、沥青、焦渣或混凝土，以减少道路扬尘。尽可能避免使用沥青防水作业，防水材料尽量选用冷作法的材料。凡进行沥青防水作业的，严禁使用散口锅熬制沥青，应使用密闭和带有烟尘处理装置的加热设备。

（5）凡在以上提及的场区内进行施工，应尽可能使用商品混凝土，凡必须在现场设置搅拌设备时，应安装除尘装置。

2.9.7 冬雨季施工措施

包括：雨期施工技术组织措施及冬期施工技术组织措施。首先要明确冬雨季施工的部位、冬雨季施工的内容，然后再确定冬雨季施工应注意的施工要点，并制定相应的技术措施和管理措施。

2.10 单位工程施工组织设计主要技术经济指标的编写

单位工程施工组织设计的主要技术经济指标包括单位面积工程造价、降低成本指标、施工机械化程度、单位建筑面积劳动消耗量、工期指标，还包括主要材料节约指标、劳动生产率指标等。

1. 单位面积工程造价

工程造价指标是建筑产品一次性的综合货币指标，其内容包括人工、材料、机械费用和施工管理费等。为了正确评价施工方案的经济合理性，在计算单位面积工程造价时，应采用实际的工程造价。

$$单位面积工程造价 = \frac{工程实际总造价}{总建筑面积}（元/m^2）$$

2. 降低成本指标

降低成本指标是工程经济分析中的一个重要指标，它综合反映了工程项目或分部工程由于采用施工方案不同而产生的不同经济效果。其指标可采用降低成本额或降低成本率表示。

$$降低成本额=预算成本-计划成本$$

$$降低成本率=\frac{降低成本额}{预算成本}\times100\%$$

3. 施工机械化程度

施工机械化程度是工程项目施工现代化的标志，也是衡量施工企业实力的主要指标之一。为此，在制定施工方案时，应根据企业的实际情况，尽可能采用机械化施工，提高项目施工的机械化程度，加快施工进度。施工机械化程度可用下式计算指标表示：

$$施工机械化程度=\frac{机械完成的实际工程量（或工作量）}{该工程全部工程量（或工作量）}\times100\%$$

4. 单位建筑面积劳动消耗量

单位建筑面积劳动消耗量的高低，标志着施工企业的技术水平和管理水平，也是企业经济效益好坏的主要指标。工程的劳动工日数包括主要工种用工、辅助工作用工和准备工作用工等全部用工日数。

$$单位建筑面积劳动消耗量=\frac{完成该工程的全部工日数}{总建筑面积}\times100\%$$

5. 工期指标

建设工程施工工期的长短直接影响企业的经济效益，也决定了建设工程能否尽早发挥作用。为此，在确保工程质量和安全施工的前提下，应当把缩短工期放在首位来考虑。工期指标的确定，通常以国家有关规定以及建设地区类似建筑物的平均工期为参考，把建设单位要求工期和工程承包合同工期有机地结合起来，根据施工企业的实际情况，采取相关措施，确定一个合理的工期指标。

6. 主要材料节约指标

该指标反映单位工程若干施工方案对主要施工材料的节约情况。

$$主要材料节约量=预算用量-计划用量$$

$$主要材料节约率=\frac{主要材料节约量}{主要材料预算用量}\times100\%$$

7. 劳动生产率指标

该指标主要通过劳动力不均衡系数反映，劳动力不均衡系数等于施工期高峰人数与施工期平均人数之比。

单位工程主要技术经济指标可根据实际情况和需要增加或减少，这里不一一赘述。

2.11 编写成果的汇总、整理与装帧

单位工程施工组织设计编写完成后，应认真校对、审查，然后汇总打印。经整理后，一般按下列顺序完善相关内容并装订成册：

封面（通常有通用的格式）；

编制说明（简要说明编制中需要说明的主要问题）；

目录；

正文；

进度计划图（横道图或网络图）；

施工平面图；

其他附件。

第3章　单位工程施工组织设计所涉及的相关
内容与参考资料

编写单位工程施工组织设计常常需查用相关资料，这里将需要注意的问题和常用的主要资料列出，以供参考。尚有未列出内容，需要时可查阅相关手册。

3.1　施工用房屋

3.1.1　一般要求

（1）结合施工现场具体情况，统筹安排，合理布置。

①布点要适应生产需要，方便职工上下班；

②不许占据正式工程位置，避开取土、弃工场地；

③尽量靠近已有交通，或即将修建的正式或临时交通线路；

（2）贯彻执行国务院有关在基本建设中节约用地的指示，布置要紧凑，充分利用山地，荒地、空地或劣地，尽量少占或不占农田并保护农田，在可能条件下结合施工采取造田、改造土壤的措施。

（3）尽量利用施工现场或附近已有的建筑物，包括拟拆除可暂时利用的建筑物。在新开辟地区，应尽可能提前修建能够利用的永久性工程。

（4）必须修建的临时建筑，应以经济适用为原则，合理地选择形式。

（5）符合安全防火要求。

3.1.2　办公用房屋

视工程项目规模大小、工程长短、施工现场条件、项目管理机构设置类型，办公用房可采用取下列方式：

（1）利用拟拆除建筑；

（2）租用工程邻近建筑；

（3）新建暂用办公室，结构、装饰简易；

（4）采用装配式活动房屋；

（5）先建永久性办公室施工时用，待交工时重新装饰；

（6）初期搭建简易办公用房，然后搬进新建房屋。

3.1.3　生产用房屋

施工现场生产用房主要有混凝土搅拌站、砂浆搅拌站、钢筋混凝土构件预制厂、钢筋加工厂、木材加工厂、金属结构加工厂、施工机械的管理维修厂等用房。

施工现场生产用房主要是根据工程所在地区的实际情况与工程施工的需要，首先确定需要设置的生产类型，然后分别就不同需要，逐一确定其生产规模、产品品种、生产工艺、厂房建筑面积、结构型式和厂址布置，生产用房面积的大小取决于设备的尺寸、工艺过程、建筑设计及保安与防火等的要求。

现场加工厂用房面积参考指标见表 3-1，现场作业棚所需面积参考指标见表 3-2，现场机运、机修和机械停放所需面积参考指标见表 3-3。

表 3-1　　　　　　　　　　　现场加工厂所需面积参考指标表

序号	加工厂名称	年产量		单位产量所需建筑面积	占地总面积（m²）	备注
1	混凝土搅拌站（商混供应不考虑此项）	m³	3200	0.020（m²/m³）	按砂石堆场考虑	400L 搅拌机 2 台
		m³	4800	0.021（m²/m³）		400L 搅拌机 3 台
		m³	6400	0.020（m²/m³）		400L 搅拌机 4 台
2	临时性混凝土预制厂	m³	1000	025（m²/m³）	2000	生产屋面板和中小型梁柱板等，配有蒸养设施
		m³	2000	0.20（m²/m³）	3000	
		m³	3000	0.15（m²/m³）	4000	
		m³	5000	0.125（m²/m³）	小于 6000	
3	半永久性混凝土预制厂	m³	3000	0.6（m²/m³）	9000~12000	
		m³	5000	0.4（m²/m³）	12000~15000	
		m³	10000	0.3（m²/m³）	15000~20000	
4	木材加工厂	m³	15000	0.0244（m²/m³）	1800~3600	进行原木、方木加工
		m³	24000	0.0199（m²/m³）	2200~4800	
		m³	30000	0.0181（m²/m³）	3000~5500	
	综合木工加工厂	m³	200	0.30（m²/m³）	100	加工门窗、模板、地板、屋架等
		m³	500	0.25（m²/m³）	200	
		m³	1000	0.20（m²/m³）	300	
		m³	2000	0.15（m²/m³）	420	
	粗木加工厂	m³	5000	0.12（m²/m³）	1350	加工屋架、模板
		m³	10000	0.10（m²/m³）	2500	
		m³	15000	0.09（m²/m³）	3750	
		m³	20000	0.08（m²/m³）	4800	

续表

序号	加工厂名称	年产量		单位产量所需建筑面积	占地总面积 (m²)	备注
4	细木加工厂	万 m²	5	0.0140（m²/m³）	7000	加工门窗、地板
		万 m²	10	0.0114（m²/m³）	10000	
		万 m²	15	0.0106（m²/m³）	14300	
5	钢筋加工厂	t	200	0.35（m²/t）	280～560	加工、成型、焊接
		t	500	0.25（m²/t）	380～750	
		t	1000	0.20（m²/t）	400～800	
		t	2000	0.15（m²/t）	450～900	
	现场钢筋调直或冷拉 拉直场 卷扬机棚 冷拉场 时效场	所需场地（长×宽） 70～80（m）×3～4（m） 15～20（m²） 40～60（m）×3～4（m） 30～40（m）×6～8（m）				包括材料及成品堆放 3～5t 电动卷扬机 1 台 包括材料及成品堆放 包括材料及成品堆放
	钢筋对焊 对焊场地 对焊棚	所需场地（长×宽） 30～40（m）×4～5（m） 15～24（m²）				包括材料及成品堆放 寒冷地区应适当增加
	钢筋冷加工冷拔、冷轧机、剪断机、弯曲机φ12 以下 弯曲机 φ40 以下	所需场地 40～50（m²/台） 30～50（m²/台） 50～60（m²/台） 60～70（m²/台）				
	金属结构加工（包括一般铁件）	所需场地 年产 500t 为 10（m²/t） 年产 1000t 为 8（m²/t） 年产 2000t 为 6（m²/t） 年产 3000t 为 5（m²/t）				按一批加工数量计算

表 3-2 　　　　　　　　　　　现场作业棚所需面积参考指标表

序号	名称	单位	面积（m²）	备注
1	木工作业棚	m²/人	2	占地为建筑面积的 2～3 倍
2	电锯房	m²	80	34～36in 圆锯 1 台
	电锯房	m²	40	小圆锯 1 台

序号	名称	单位	面积（m²）	备注
3	钢筋作业棚	m²/人	3	占地为建筑面积的 3~4 倍
4	搅拌棚	m²/台	10~18	
5	卷扬机棚	m²/台	6~12	
6	烘炉房	m²	30~40	
7	焊工房	m²	20~40	
8	电工房	m²	15	
9	白铁工房	m²	20	
10	油漆工房	m²	20	
11	机、钳工修理房	m²	20	
12	立式锅炉房	m²/台	5~10	
13	发电机房	m²/kW	0.2~0.3	
14	水泵房	m²/台	3~8	
15	空压机房（移动式） 空压机房（固定式）	m²/台 m²/台	18~30 96~15	

表 3-3　　　　　　　现场机运站、机修间、停放场所需面积参考指标

序号	施工机械名称	所需场地（m²/台）	存放方式	检修间所需建筑面积	
				内容	数量（m²）
1	一、起重、土方机械类 塔式起重机	200~300	露天	10~20 台设 1 个检修台位（每增加 20 台增设 1 个检修台位）	200 （增150）
2	履带式起重机	100~125	露天		
3	履带式正铲或反铲，拖式铲运机，轮胎式起重机	75~100	露天		
4	推土机，拖拉机，压路机	25~35	露天		
5	汽车式起重机	20~30	露天式室内		
6	二、运输机械类 汽车（室内） （室外）	20~30 40~60	一般情况下室内不小于10%	每 20 台设 1 个检修台位（每增加 1 个检修台位）	170 （增160）
7	平板拖车	100~150			
8	三、其他机械类 搅拌机、卷扬机 电焊机、电动机 水泵、空压机、油泵	4~6	一般情况下室内占30%露天占70%	每 50 台设 1 个检修台位（每增加 1 个检修台位）	50 （增50）

3.1.4 仓储用房屋

1. 仓库的类型

（1）转运仓库是设置在货物转载地点（如火车站、码头和专用线卸货场）的仓库。

（2）中心仓库（或称总仓库）是专供储存整个建筑工地（或区域型建筑企业）所需材料、贵重材料以及需要整理配套的材料的仓库。中心仓库通常设在现场附近或区域中心。

（3）现场仓库是某一在建工程服务的仓库，一般均就近设置。

（4）加工厂仓库是专供本加工厂储存原材料和加工半成品、构件的仓库。

各类仓库按其储存材料的性质和贵重程度，可采用露天堆场、半封闭式（棚）和封闭式（库房）3 种存放方式。大宗建筑材料一般应直接运往使用地点堆放，以减少施工现场的二次搬运。

2. 仓库材料储备量

确定仓库内的材料储备量，要做到一方面能保证施工的正常需要，另一方面又不宜储存过多，以免加大仓库面积、积压资金。通常的储备量应根据现场条件、供应条件和运输条件来确定，如场地狭小的仓库储备量可小些；生产受季节性影响的材料必须考虑中断因素；水运材料则必须考虑枯水期及严寒影响航运问题，储备量可大些；加工生产周期较长的材料，仓库储备量应考虑大些等。另外，还需考虑供料制度中有的材料要求一次储备的情况。

（1）建筑群（全现场）的材料储备，一般按年、季组织储备，按下计算：

$$q_1 = K_1 Q_1$$

式中，q_1——总储备量；

K_1——储备系数，一般情况下对型钢、木材、砂石和用量小、不经常使用的材料取 $0.3 \sim 0.4$；对水泥、砖、瓦块石、石灰、管材、暖气片、玻璃、油漆、卷材、沥青取 $0.2 \sim 0.3$；特殊条件下宜根据具体情况确定；

Q_1——该项材料最高年、季需用量。

总储备量（q_1）包括能为本工程使用已经落实的材料，如已进入转运仓库和中心仓库的材料以及有了货源又订了货的地方材料（砖、石、砂、灰）。

（2）单位工程的材料储备量应保证工程连续施工的需要，同时，应与全现场的材料储备综合考虑，做到减少仓库面积、节省资金。其储备量按下式计算：

$$q_2 = \frac{n \times Q_2}{T}$$

式中，q_2——单位工程材料储备量；

n——储备天数，见表 3-4；

Q_2——计划期间内需用的材料数量；

T——需用该项材料的施工天数，大于 n。

3. 仓库面积的计算

（1）按材料储备期计算：

$$F = \frac{q}{p}$$

式中，F——仓库面积（m^2），包括通道面积；

　　　P——每平方米仓库面积上存放材料数量，见表 3-5；

　　　q——材料储备量，用于建筑群时为 q_1，用于单位工程时为 q_2。

（2）按系数计算，适用于规划估算：

$$F = \varphi \cdot m$$

式中，F——所需仓库面积（m^2）；

　　　φ——系数，见表 3-5；

　　　m——计算基数，见表 3-5。

表 3-4　　　　　　　　　　　　　仓库面积计算所需数据参考指标

序号	材料名称	单位	储备天数 n	每 m^{2}储存量 p	堆置高度（m）	仓库类型
1	钢　材	t	40~50	1.5	1.0	露　天
	工（槽）钢	t	40~50	0.8~0.9	0.5	露　天
	角钢	t	40~50	1.2~1.8	1.2	露　天
	钢　筋（直筋）	t	40~50	1.8~2.4	1.2	棚或库约占 20%
	钢　筋（盘筋）	t	40~50	0.8~1.2	1.0	露　天
	钢　板	t	40~50	2.4~2.7	1.0	露　天
	钢管 ϕ200 以上	t	40~50	0.5~0.6	1.2	露　天
	钢管 ϕ200 以下	t	40~50	0.7~1.0	2.0	露　天
	钢　轨	t	40~50	2.3	1.0	露　天
	铁　皮	t	40~50	2.4	1.0	库或棚
2	生　铁	t	40~50	5	1.4	露　天
3	铸铁管	t	20~30	0.6~0.8	1.2	露　天
4	暖气片	t	40~50	0.5	1.5	露天或棚
5	水暖零件	t	20~30	0.7	1.4	库或棚
6	五　金	t	20~30	1.0	2.2	库
7	钢丝绳	t	40~50	0.7	1.0	库
8	电线电缆	t	40~50	0.3	2.0	库或棚
9	木材	m^3	40~50	0.8	2.0	露　天
	原木	m^3	40~50	0.9	2.0	露　天
	成材	m^3	30~40	0.7	3.0	露　天
	枕木	m^3	20~30	1.0	2.0	露　天

续表

序号	材料名称	单位	储备天数 n	每 m^2 储存量 p	堆置高度 (m)	仓库类型
10	水泥	t	30~40	1.4	1.5	库
11	生石灰（块）	t	20~30	1~1.5	1.5	棚
	生石灰（袋装）	t	10~20	1~1.3	1.5	棚
	石膏	t	10~20	1.2~1.7	2.0	棚
12	砂、石子（人工堆置）	m^3	10~20	1.2	1.5	露天
	砂、石子（机械堆置）	m^3	10~20	2.4	3.0	露天
13	块石	m^3	10~20	1.0	1.2	露天
14	红砖	千块	10~20	0.5	1.5	露天
15	耐火砖	t	20~30	2.5	1.8	棚
16	黏土瓦、水泥瓦	千块	10~30	0.25	1.5	露天
17	石棉瓦	张	10~30	25	1.0	露天
18	水泥管、陶土管	t	20~30	0.5	1.5	露天
19	玻璃	箱	20~30	6~10	0.8	棚或库
20	卷材	卷	20~30	15~24	2.0	库
21	沥青	t	20~30	0.8	1.2	露天
22	液体燃料润滑油	t	20~30	0.3	0.9	库
23	电石	t	20~30	0.3	1.2	库
24	炸药	t	10~30	0.7	1.0	库
25	雷管	t	10~30	0.7	1.0	库
26	煤	t	10~30	1.4	1.5	露天
27	炉渣	m^3	10~30	1.2	1.5	露天
	钢筋混凝土构件					
28	板	m^3	3~7	0.14~0.24	2.0	露天
	梁、柱	m	3~7	0.12~0.18	1.2	露天
29	钢筋骨架	t	3~7	0.12~0.18	~	露天
30	金属结构	t	3~7	0.16~0.24	~	露天
31	钢件	t	10~20	0.9~1.5	1.5	露天或棚
32	钢门窗	t	10~20	0.65	2	棚
33	木门窗	t	3~7	30	2	棚
34	木屋架	m^3	3~7	0.3	~	露天

续表

序号	材料名称	单位	储备天数 n	每 m² 储存量 p	堆置高度（m）	仓库类型
35	模板	m³	3~7	0.7	~	露天
36	大型砌块	m³	3~7	0.9	1.5	露天
37	轻质混凝土制品	m³	3~7	1.1	2	露天
38	水、电及卫生设备	t	20~30	0.35	1	棚、库各约占1/4
39	工艺设置	t	30~40	0.6~0.8	~	露天约占1/2
40	多种劳保用品	件		250	2	库

表 3-5   按系数计算仓库面积参考资料

序号	名称	计算基数（m）	单位	系数 φ	备注
1	仓库（综合）	按年平均全员人数（工地）	m²/人	0.7~0.8	经验统计参数（本栏下同）
2	水泥库	按当年水泥用的40%~50%	m²/t	0.7	
3	其他仓库	按当年工作量计算	m²/万元	1~1.5	
4	五金杂品库	按年建安工作量计算	m²/万元	0.1~0.2	
5	五金杂品库	按年平均在建建筑面积计算	m²/hm²	0.5~1	
6	土建工具库	按高峰年（季）平均全员人数	m²/人	0.1~0.2	
7	水暖器材库	按年平均在建建筑面积	m²/hm²	0.2~0.4	
8	电器器材库	按年平均在建建筑面积	m²/hm²	0.3~0.5	
9	化工油漆危险品仓库	按年建安工作量	m²/万元	0.05~0.1	
10	三大工具堆场（脚手、跳板、模板）	按年平均在建建筑面积	m²/hm²	1~2	
		按年建安工作量	m²/万元	0.3~0.5	

3.1.5 生活用房屋

在工程建设期间，必须为施工人员修建一定数量供生活用的房屋，生活用房屋包括职工宿舍、招待所、浴室、理发室、食堂等。

1. 生活用房考虑因素与确定程序

生活用房的种类、大小视工程所在位置、工期长短、规模大小等确定。确定生活用房一般有以下内容与程序：

（1）计算施工期间使用生活用房的人数；

（2）确定生活用房项目及其建筑面积；

（3）选择生活用房的结构形式；

（4）布置生活用房位置。

2. 确定使用人数

（1）生产人员：直接生产人员和其他生产人员。

（2）非生产人员。

3. 所需面积

参见表3-6。

表3-6   生活用房屋设施参考指标

临时房屋名称	指标使用方法	参考指标 （m²/人）	备注
1. 办公室	按干部人数	3~4	（1）本表根据全国收集到的有代表性的企业、地区的资料综合
2. 宿舍	按高峰年（季）平均职工人数	2.5~3.5	
单屋通铺	（扣除不在工地住宿人数）	2.5~3	
双层床		2.0~2.5	（2）工区以上设置的会议室已包括在办公室指标内
单层床		3.5~4	
3. 食堂	按高峰年平均职工人数	0.5~0.8	（3）家属宿舍应根据施工期长短和具体情况而定，一般按高峰年职工平均人数的10%~30%考虑
4. 食堂兼礼堂	按高峰年平均职工人数	0.6~0.9	
5. 其他合计	按高峰年平均职工人数	0.5~0.6	
医务室	按高峰年平均职工人数	0.05~0.07	
浴室	按高峰年平均职工人数	0.07~0.1	（4）食堂包括厨房、库房，应考虑在工地就餐人数和进餐次数
理发	按高峰年平均职工人数	0.01~0.03	
浴室兼理发	按高峰年平均职工人数	0.08~0.1	
其他公用	按高峰年平均职工人数	0.05~0.10	
6. 现场小型设施			
开水房		10~40	
厕所	按高峰年平均职工人数	0.02~0.07	
工人休息室	按高峰年平均职工人数	0.15	

3.2 施工道路

3.2.1 简易公路技术要求

参见表3-7。

表 3-7   简易公路要求表

指标名称	单位	技术标准
设计车速	km/h	≤20
路基宽度	m	双车道 6～6.5；单车道 4.4～5；困难地段 3.5
路面宽度	m	双车道 5～5.5；单车道 3～3.5
平面曲线最小半径	m	平原、丘陵地区 20；山区 15；回头弯道 12
最大纵坡	%	平原地区 6；丘陵地区 8；山区 9
纵坡最短长度	m	平原地区 100；山区 50

3.2.2　各类车辆要求路面最小允许曲线半径

参见表 3-8。

表 3-8   各类车辆要求路面最小允许曲线半径

| 车辆类型 | 路面内侧最小曲线半径（m） | | |
	有拖车	有 1 辆拖车	有 2 辆拖车
小客车、三轮汽车	6	—	—
一般二轴载重汽车：单车道	9	12	15
双车道	7	—	—
三轴载重汽车、重型载重汽车、公共汽车	12	15	18
超重型载重汽车	15	18	21

3.3　确定供水数量

3.3.1　现场施工用水量

现场施工用水量可按下式计算：

$$q_1 = K_1 \sum \frac{Q_1 \cdot N_1}{T_1 \cdot t} \cdot \frac{K_2}{8 \times 3600}$$

式中，q_1——施工用水量（L/s）；

　　　K_1——未预计的施工用水系数（1.05～1.15）；

　　　Q_1——年（季）度工程量（以实物计量单位表示）；

　　　N_1——施工用水定额，见表 3-9；

　　　T_1——年（季）度有效作业日（d）；

　　　t——每天工作班数（班）；

K_2——用水不均衡系数见表3-10。

表3-9 　　　　　　　　　　　施工用水参考定额

序号	用水对象	单位	耗水量（N_1）	备注
1	浇筑混凝土全部用水	L/m³	1700～2400	
2	搅拌普通混凝土	L/m³	250	商混供应时，不考虑
3	搅拌轻质混凝土	L/m³	300～350	
4	搅拌泡沫混凝土	L/m³	300～400	
5	搅拌热混凝土	L/m³	300～350	
6	搅拌土养护（自然养护）	L/m³	200～400	
7	搅拌土养护（蒸汽养护）	L/m³	500～700	
8	冲洗模板	L/m²	5	
9	搅拌机清洗	L/台班	600	
10	人工冲洗石子	L/m³	1000	当含泥量大于2%小于3%时
11	机械冲洗石子	L/m³	600	
12	洗砂	L/m³	1000	
13	砌砖工程全部用水	L/m³	150～250	
14	砌石工程全部用水	L/m³	50～80	
15	抹灰工程全部用水	L/m²	30	
16	耐火砖砌体工程	L/m³	100～150	包括砂浆搅拌
17	浇砖	L/千块	200～250	
18	浇硅酸盐砌块	L/m³	300～350	
19	抹面	L/m²	4～6	不包括调制用水
20	楼地面	L/m²	190	主要是找平层
21	搅拌砂浆	L/m³	300	
22	上水管道工程	L/m	98	
23	下水管道工程	L/m	1130	
24	工业管道工程	L/m	35	

3.3.2 施工机械用水量

施工机械用水量可按下式计算：

$$q_2 = K_1 \sum Q_2 N_2 \frac{K_3}{8 \times 3600}$$

式中：q_2——机械用水量（L/s）；

K_1——未预计施工用水系数（1.05～1.15）；

Q_2——同一种机械台数（台）；

N_2——施工机械台班用水定额，参考表3-10中的数据换算求得；

K_3——施工机械有水不均衡系数见表3-10。

表3-10 施工用水不均衡系数

编号	用水名称	系数
K_2	现场施工用水 附属生产企业用水	1.5 1.25
K_3	施工机械、运输机械 动力设备	2.00 1.05 ~ 1.10
K_4	施工现场生活用水	1.30 ~ 1.50
K_5	生活区生活用水	2.00 ~ 2.50

3.3.3 施工现场生活用水量

施工现场生活用水量可按下式计算：

$$q_3 = \frac{P_1 N_3 K_4}{t \times 8 \times 3600}$$

式中：q_3——施工现场生活用水量（L/s）；

P_1——施工现场高峰昼夜人数（人）；

N_3——施工现场生活用水定额（一般为 20 ~ 60L/人·班，主要需视当地气候而定）；

K_4——施工现场用水不均衡系数见表3-10；

t——每天工作班数（班）。

3.3.4 生活区生活用水量

生活区生活用水量可按下式计算：

$$q_4 = \frac{P_2 N_4 K_5}{24 \times 3600}$$

式中：q_4——生活区生活用水（L/s）；

P_2——生活区居民人数（人）；

N_4——生活区昼夜全部生活用水定额，每一居民每昼夜为 100 ~ 120L，随地区和有无室内卫生设备而变化，各分项用水参考定额见表3-11；

K_5——生活区用水不均衡系数，见表3-10。

表 3-11   分项生活用水量参考定额

序号	用水对象	单位	耗水量
1	生活用水（盥洗、饮用）	L/人·日	20～40
2	食堂	L/人·次	10～20
3	浴室（淋浴）	L/人·次	40～60
4	淋浴带大池	L/人·次	50～60
5	洗衣房	L/kg 干衣	40～60
6	理发室	L/人·次	10～25

3.3.5 消防用水量

消防用水量（q_5）见表 3-12。

表 3-12   消防用水量

序号	用水名称	火灾同时发生次数	单位	用水量
1	施工现场消防用水 25hm² 内	一次	L/s	10～15
2	每增加 25hm²	一次	L/s	5

注：公顷单位符号为 hm²。

3.3.6 总用水量

总用水量（Q）的计算：

（1）当（$q_1+q_2+q_3+q_4$）≤q_5 时，则

$$Q=q_5+\frac{q_1+q_2+q_3+q_4}{2}$$

（2）当 $q_1+q_2+q_3+q_4>q_5$ 则，

$$Q=q_1+q_2+q_3+q_4$$

（3）当工地面积小于 5hm² 而且 $q_1+q_2+q_3+q_4<q_5$ 时，则 $Q=q_5$，最后计算出的总用量还应增加 10%，以补偿不可避免的水管漏水损失。

3.3.7 管径选择

$$d=\sqrt{\frac{4Q}{\pi v \cdot 1000}}$$

式中：d——配水管直径（m）；

　　Q——耗水量（L/s）；

　　v——管网中水流速度（m/s）。

临时水管经济流速参见表 3-13。

表 3-13　　　　　　　　　　临时水管经济流速参考表

管　径	流　速（m/s）	
	正常时间	消防时间
$D<0.1m$	0.5 ~ 1.2	
$D=0.1 ~ 0.3m$	1.0 ~ 1.6	2.5 ~ 3.0
$D>0.3m$	1.5 ~ 2.5	2.5 ~ 3.0

3.4　确定供电数量及供电系统

3.4.1　确定供电数量

1. 确定供电数量的考虑因素

建筑工地临时供电，包括动力用电与照明用电两种，在计算用电量时，应从下列各方面考虑：

（1）全工地所使用的机械动力设备，其他电气工具及照明用电的数量；

（2）施工总进度计划中施工高峰阶段同时用电的机械设备总数量；

（3）各种机械设备在工作中需用的情况。

2. 总用电量的计算

总用电量可按以下公式计算：

$$P = 1.05 - 1.10\Big(K_1 \frac{\sum P_1}{\cos\varphi} + K_2 \sum P_2 + K_3 \sum P_3 + K_4 \sum P_4\Big)$$

式中：P——供电设备总需要容量（kVA）；

　　P_1——电动机额定功率（kW）；

　　P_2——电焊机额定容量（kVA）；

　　P_3——室内照明容量（kW）；

　　P_4——室外照明容量（kW）；

　　$\cos\varphi$——电动机的平均功率因数（在施工现场最高为 0.75 ~ 0.78，一般为 0.65 ~ 0.75）；

　　K_1、K_2、K_3、K_4——需要系数，参见表 3-14。

表3-14   需要系数（K值）

用电名称	数量	需要系数		备注
		K	数值	
电动机	3～10台 11～30台 30台以上	K_1	0.7 0.6 0.5	如施工中需要电热时，应将其用电量计算进去。为使计算结果接近实际，总用电量计算公式中各项动力和照明用电应根据不同工作性质分类计算
加工厂动力设备			0.5	
电焊机	3～10台 10台以上	K_2	0.6 0.5	
室内照明		K_3	0.8	
室外照明		K_4	1.0	

单班施工时，用电量计算可不考虑照明用电。

各种机械设备以及室内外照明用电定额见表3-15～表3-17。

由于照明用电量所占的比重较动力用电量要少得多，所以在估算总用电量时可以简化，只要在动力用电量（即总用电量计算公式括号内的第一、二两项）之外再加10%作为照明用电量即可。

表3-15   施工机械用电定额参考资料

机械名称	型号	功率（kW）	机械名称	型号	功率（kW）
蛙式夯土机	HW-32	1.5	塔式起重机	德国 PEINE 厂产 SK280-055 （307.314t·m）	150
	HW-60	3			
振动夯土机	HZD250	4		德国 PEINE 厂产 SK560-05 （675t·m）	170
振动打拔桩机	DZ45	45			
	DZ45Y	45			
	DZ30Y	30		德国 PEINE 厂产 TN112 （155t·m）	90
	DZ55Y	55			
	DZ90A	90			
	DZ90B	90			
螺旋钻孔	Zkl400	40	螺旋式钻扩孔机	BQZ-400	22
	Zkl600	55	冲击式钻机	YKC-20C	20
	Zkl800	90		YKC-22M	20
				YKC-30M	40

续表

机械名称	型号	功率（kW）	机械名称	型号	功率（kW）
塔式起重机	红旗Ⅱ-16（整体托运）	19.5	卷扬机	JJK0.5	3
	QT40	48		JJK-0.5B	2.8
	QT60/80	55.5		JJK-1A	7
	QT90（自升式）	58		JJK-5	40
	QT100（自升式）	63		JJZ-1	7.5
	法国POTAIN厂产H5-56B5p（225t·m）	150		JJ1K-1	7
				JJ1K-3	28
	法国POTAIN厂产H5-56B（225t·m）	137		JJ1K-5	40
				JJM-0.5	3
				JJM-3	7.5
	法国POTAIN厂产TOPKITFO/25（132t·m）	160		JJM-5	11
				JJM-10	22
			自落式混凝土搅拌机	JD150	5.5
				JD200	7.5
				JD250	11
	法国B.P.R厂产GTA91-83（450t·m）	160		JD350	15
				JD500	18.5
			强制式混凝土搅拌机	JW250	11
混凝土搅拌楼（站）	HL80	41		JW500	30
混凝土输送泵	HB-15	32.2	平板式振动器	ZB5	0.5
				ZB11	1.1
混凝土喷射机（回转式）	HPH6	7.5	附着式振动器	ZW4	0.8
				ZW5	1.1
				ZW7	1.5
混凝土喷射机（罐式）	HPG4	3		ZW10	1.1
				ZW30-5	0.5
插入式振动器	ZX25	0.8	混凝土振动台	ZT-1×2	7.5
	ZX35	0.8			
	ZX50	1.1		ZT-1.5×6	30
	ZX50C	1.1		ZT-2.4×6.2	55
	ZX70	1.5			

续表

机械名称	型号	功率（kW）	机械名称	型号	功率（kW）
真空吸水机	HZX-40	4	预应力拉伸机油泵	ZB1/630	1.1
	HZX-60A	4		ZB2-2/500	3
	改型1号	5.5		ZB4/49	3
	改型11号	5.5		ZB10/49	11
钢筋弯曲机	GW40	3	钢筋调直切断机	GT4/14	4
	WJ40	3		GT6/14	11
	GW32	2.2		GT6/8	5.5
交流电焊机	BX3-120-1	9①		GT3/9	7.5
	BX3-300-2	23.4①	钢筋切断机	QJ40	7
	Bx3-500-2	38.6①		QJ40-1	5.5
	Bx2-100-（BC-1000）	76①		QJ32-1	3
直流电焊机			小型砌块成型机	GC-1	6.7
	AX1-135-（AB）-165	6	载货电梯	JT1	7.5
	AX4-300-1（AG-300）	10	建筑施工外用电梯	SCD100/100A	11
	AX-320（AT-320）	14	木工电刨	MIB2-80/1	0.7
			木压刨板机	MB1043	3
	AX5-500	26	木工圆锯	MJ104	3
	AX3-500（AG-500）	26	木工圆锯	MJ106	5.5
纸筋麻刀搅拌机	ZMB-10	3	木工圆锯	MJ114	3
灰浆泵	UB3	4	脚踏截锯机	MJ217	7
挤压式灰浆泵	UB12	2.2	单面木工压刨床	MB103	3
灰气联合泵	UB-76-1	5.5	套丝切管机	TQ-3	1
粉碎淋灰机	FL-16	4	电动液压弯管机	WYQ	1.1
单盘水磨石机	SF-D	2.2	电动弹涂机	DT120A	8
双盘水磨石机	SF-S	4	液压升降机	YSF25-50	3
侧式磨光机	CM2-1	1	泥浆泵	红星30	30
立面水磨石机	MQ-1	1.65	泥浆泵	红星75	60
墙围水磨石机	YM200-1	0.55	液压控制台	YKT-36	7.5
地面磨光机	DM-60	0.4	自动控制自动调平液压控制台	YZKT-56	11

机械名称	型号	功率（kW）	机械名称	型号	功率（kW）
静电触探车	ZJYY-20A	10	木工平刨床	MB503A	3
混凝土沥青地割机	BC-D1	5.5	木工平刨床	MB504A	3
单面木工压刨床	MB103A	4	普通木工车床	MCD616B	3
单面木工压刨床	MB106	7.5	单头直榫开榫机	MX2112	9.8
单面木工压刨床	MB104A	4	灰浆搅拌机	UJ325	3
双面木工刨床	MB106A	4	灰浆搅拌机	UJ100	2.2

表 3-16　　　　　　　　　　　　　**室内照明用电定额参考资料**

序号	用电定额	容量（W/m²）	序号	用电定额	容量（W/m²）
1	混凝土及灰浆搅拌站	5	13	锅炉房	3
2	钢筋室内外加工	10	14	仓库及棚仓库	2
3	钢筋室内加工	8	15	办公楼、试验室	6
4	木材加工锯木及细木	5-7	16	浴室、盥洗室、厕所	3
5	木材加工模板	8	17	理发室	10
6	混凝土预制构件厂	6	18	宿舍	3
7	金属结构及机电修配	12	19	食堂或俱乐部	5
8	空气压缩机及泵房	7	20	诊疗所	6
9	卫生技术管道加工厂	8	21	托儿所	9
10	设备安装加工厂	8	22	招待所	5
11	发电站及变电所	10	23	学校	6
12	汽车库或机车库	5	24	其他文化福利	3

表 3-17　　　　　　　　　　　　　**室外照明用电参考资料**

序号	用电名称	容量（W/m²）	序号	用电名称	容量（W/m²）
1	人工挖土工程	0.8	7	卸车场	1.0
2	机械挖土工程	1.0	8	设备堆放、砂石、木材、钢筋、半成品堆放	0.8
3	混凝土浇筑工程	1.0	9	车辆行人主要干道	2000W/km
4	砖石工程	1.2	10	车辆行人非主要干道	1000W/km
5	打桩工程	0.6	11	夜间运料（夜间不运料）	0.8（0.5）
6	安装及铆焊工程	2.0	12	警卫照明	1000W/km

3.4.2 确定供电系统

当工地由附近高压电力网输电时，则在工地上设降压变电所把电能从 110kV 或 35kV 降到 10kV 或 6kV，再由工地若干分变电所把电能从 10kV 或 6kV 降到 380/220V。变电能的有效供电半径为 400～500m。

1. 常用变压器

工地变电所的网络电压应尽量与永久企业的电压相同，主要为 380/220V。对于 3kV、6kV、10000kV 的高压线路，可用架空裸线，其电杆距离为 40～60m，或用地下电缆。户外 380/220V 的低压线路亦采用裸线，只有与建筑物或脚手架等不能保持必要安全距离的地方才宜采用绝缘导线，其电杆间距为 25～40m。分支线及引入线均应由电杆处接出，不得由两杆之间接出。配电线路应尽量设在道路一侧，不得妨碍交通和施工机械的装、拆及运转，并要避开堆料、挖槽、修建临时工棚用地。

室内低压动力线路及照明线路皆用绝缘导线。

2. 配电导线的选择

导线截面的选择要满足以下基本要求：

（1）按机械强度选择：导线必须保证不致因一般机械损伤折断。在各种不同敷设方式下，导线按机械强度所允许的最小截面见表 3-18。

表 3-18　　　　　　　　　　　　导线按机械强度所允许的最小截面

导　线　用　途	导线最小截面（mm²）	
	铜线	铝线
照明装置用导线：户内用	0.5	2.5
户外用	1.0	2.5
双芯软电线：用于吊灯	0.35	—
用于移动式生产用电设备	0.5	—
多芯软电线及软电缆：用于移动式生产用电设备	1.0	—
绝缘导线：固定架设在户内绝缘支持件上，其间距为：		
2m 及以下	1.0	2.5
6m 及以下	2.5	4
25m 及以下	4	10
裸导线：户内用	2.5	4
户外用	6	16
绝缘导线：穿在管内	1.0	2.5
设在木槽板内	1.0	2.5
绝缘导线：户外沿墙敷设	2.5	4
户外其他方式敷设	4	10

注：目前已能生产小于 2.5mm² 的 BBLX、BLV 型铝芯绝缘电线，因此可以根据具体情况，采用小于 2.5mm² 的铝芯截面。

（2）按允许电流选择：导线必须能承受负载电流长时间通过所引起的温升。

三相四线制线路上的电流可按下式计算：

$$I_{线} = \frac{K \cdot P}{\sqrt{3} \cdot U_{线} \cdot \cos\varphi}$$

二线制线路上的电流可按下式计算：

$$I_{线} = \frac{P}{U_{线} \cdot \cos\varphi}$$

式中：$I_{线}$——电流值（A）；

　　　K、P——同前；

　　　$U_{线}$——电压（V）；

　　　$\cos\varphi$——功率因数，临时网路取 0.7~0.75。

制造厂根据导线的容许温升，制定了各类导线在不同敷设条件下的持续容许电流表（表 3-19、表 3-20），在选择导线时，导线中通过的电流不允许超过此表规定。

表 3-19　　　　**橡皮或塑料绝缘电线明设在绝缘支柱上时的持续容许电流表**
（空气温度为 +25℃，单芯 500V）

导线标称截面（mm²）	导线的持续容许电流（A）			
	BX 型铜芯橡皮线	BLX 型铝芯橡皮线	BV、BVR 型铜芯塑料线	BLV 型铝芯塑料线
0.5	—	—	—	—
0.75	18	—	16	—
1	21	—	19	—
1.5	27	19	24	1
2.5	35	27	32	25
4	45	35	42	32
6	58	45	55	42
10	85	65	75	59
16	110	85	105	80
25	145	110	138	105
35	180	138	170	130
50	230	175	215	165
70	285	220	265	205
95	345	265	325	250
120	400	310	375	285
150	470	360	430	325
185	540	420	490	380
240	660	510		

表 3-20   裸铜线（TJ 型）、裸铝线（LJ 型）露天敷设在+25℃空气中的持续容许电流表

标称截面 （mm²）	导线的持续容许电流（A）		
	铜线	钢芯铝绞线	铝线
16	130	105	105
25	180	135	135
35	220	170	170
50	270	220	215
70	340	275	265
95	415	335	325
120	485	380	375
150	570	445	440
185	645	515	500
240	770	610	610

（3）按允许电压降选择：导线上引起的电压降必须在一定限度之内。配电导线的截面可按下式计算：

$$S = \frac{\sum P \cdot L}{C \cdot \varepsilon}\% = \frac{\sum M}{C \cdot \varepsilon}\%$$

式中：S——导线截面（mm²）；

M——负荷矩（kW·m）；

P——负载的电功率或线路输送的电功率（kW）；

L——送电线路的距离（m）；

ε——允许的相对电压降（即线路电压损失，%），照明允许电压降为 2.5% ~ 5%，电动机电压不超过±5%；

C——系数，视导线材料、线路电压及配电方式而定。

所选用的导线截面应同时满足以上三项要求，即以求得的三个截面中的最大者为准，从电线产品目录中选用线芯截面。也可根据具体情况抓住主要矛盾，一般，在道路工地和给排水工地，作业线比较长，导线截面由电压降选定；在建筑工地，配电线路比较短，导线截面可由容许电流选定；在小负荷的架空线路中，往往以机械强度选定。

3.5   施工安全设施

3.5.1   防火设施

（1）工地设置满足消防要求的水源；

（2）工地设置足够的灭火器材；

（3）大型、工期长的施工项目设置专业消防队和消防车；

（4）临时建筑之间留置防火间距；

（5）工地内要设置消防栓，消防栓间距离建筑物不应小于 5m，也不应大于 25m，距离路边不大于 2m。

（6）易燃设施（如木工棚）及易燃品仓库应布置在下风离生活区远一些的地方；

（7）临时房屋的防火间距及其他规定：

①各种临时房屋防火最小间距见表 3-21。

表 3-21　　　　　　　　　　　各种临时设施防火最小间距（m）

序号	项目	临时宿舍及生活用房			临时生产设施		正式建筑物			公路（路边）		
		单栋砖木	单栋钢木	成组内的单栋	砖木	钢木	一二级	三级	四级	厂外	厂内主要	厂内次要
1	临时宿舍及生活用房： 　　单栋：砖木 　　单栋：全钢木 成组内的单栋	8 10 10	10 12 12	10 12 3.5	14 16	16 18	12 14	14 16	16 18			
2	临时生产设施： 　砖木 　全钢木	14 16	16 18	16 18	14 16	16 18	12 14	14 16	16 18			
3	易燃品： 　仓库 　储罐 　材料堆场	30 20 25	30 25 25		20 20 20	25 25 25	15 15 15	20 20 20	25 25 25	20 20 15	10 15 10	5 10 5
4	锅炉房、变电所、发电机房、铁工房、厨房、家属区	10~15										

②道路与建筑物的最小间距见表 3-22。

表 3-22 道路与建筑物等的最小间距

序号	道路与建、构筑物等的关系	最小间距（m）
1	距建、构筑物外墙 （1）靠路无出入口 （2）靠路有人力车、电瓶车出入口 （3）靠路有汽车出入口	1.5 3 8
2	距标准轨铁路中心线	3.75
3	距窄轨铁路中心线	3.0
4	距围墙 （1）在有汽车出入口附近 （2）在无汽车出入口附近有电线杆时 无电线杆时	6 2 1.5
5	距树木 （1）乔木 （2）灌木	0.75 ~ 1.0 0.5

3.5.2 防爆设施

建筑工地化学易燃及易爆物品、仓库，必须是耐火建筑，要有避雷设施，通风好，门应向外开。防爆安全距离见表 3-23 ~ 表 3-25。

表 3-23 施工用房屋和爆破点的安全距离

序号	爆破方法	安全距离（m）
1	裸露药包法	不小于400
2	炮眼法	不小于200
3	药壶法	不小于200
4	深眼法（包括深眼药壶法）	按设计定，但任何情况不小于200
5	硐室药包法	按设计定，但任何情况不小于200

表 3-24 炸药库对邻近建筑物的安全距离

序号	邻近对象	单位	如下炸药量（kg）时的安全距离（m）					
			250	500	2000	8000	16000	32000
1	有爆炸危险的工厂	m	200	250	300	400	500	600
2	一般生产、生活用房	m	200	250	300	400	450	500
3	铁路	m	50	100	150	200	250	300
4	公路	m	40	60	80	100	120	156

表 3-25　　　　　　　　　　　　　炸药库和雷管库间的安全距离

库房内雷管数（个）	到炸药库安全距离（m）	库房内雷管数（个）	到炸药库安全距离（m）	库房内雷管数（个）	到炸药库安全距离（m）
1000	2	30000	10	200000	27
5000	4.5	50000	13.5	300000	33
10000	6	75000	16.5	400000	38
15000	7.5	100000	19	500000	43
10000	8.5	150000	24		

3.6　施工平面图设计参考图例

参见表 3-26。

表 3-26　　　　　　　　　　　　　施工平面图设计参考图例

序号	名称	图例	序号	名称	图例
一、地形及控制点			3	将来拟建正式房屋	
1	三角点	△ 点名/高程	4	临时房屋：密闭式　　敞开式	
2	水准点	⊗ 点名/高程	5	拟建的各种材料围墙	
3	原有房屋		6	临时围墙	—×—×—
4	竖井：矩形、圆形		7	建筑工地界线	
5	钻孔	⊙ 钻	8	工地内的分区线	----------
二、建筑、构筑物			9	房角坐标	$x=1530$ $y=2150$
1	拟建正式房屋		10	室内地面水平标高	105.10 ▽
2	施工期间利用的拟建正式房屋		三、交通运输		

续表

序号	名称	图例	序号	名称	图例
1	现有永久公路		11	钢筋成品场	
2	拟建永久道路		12	钢结构场	
3	施工用临时道路		13	屋面板存放场	
4	桥梁		14	砌块存放场	
	四、材料、构件堆场		15	墙板存放场	
1	临时露天堆场		16	一般构件存放场	
2	施工期间利用的永久堆场		17	原木堆场	
3	土堆		18	锯材堆场	
4	砂堆		19	细木成品场	
5	砾石、碎石堆		20	粗木成品场	
6	石块堆		21	矿渣、灰渣堆	
7	砖堆		22	废料堆场	
8	钢筋堆场		23	脚手、模板堆场	
9	型钢堆场			五、动力设施	
10	铁管堆场		1	临时水塔	

序号	名称	图例	序号	名称	图例
2	临时水池		17	水源	
3	贮水池		18	电源	
4	加压站		19	变压器	
5	原有的上水管线		20	投光灯	
6	临时给水管线		21	电杆	
7	给水阀的（水嘴）		22	临时低压线路	
8	支管接管位置			六、筑工机械	
9	消防栓（原有）		1	塔轨	
10	消防栓（临时）		2	塔吊	
11	消防栓		3	井架	
12	原有排水管线		4	门架	
13	临时排水管线		5	卷扬机	
14	临时排水沟		6	履带式起重机	
15	原有化粪池		7	汽车式起重机	
16	拟建化粪池		8	缆式起重机	

序号	名称	图例	序号	名称	图例
9	皮带运输机		18	水泵	
10	外用电梯		19	圆锯	
11	多斗挖土机		七、其他		
12	推土机		1	脚手架	
13	铲运机		2	壁板插放架	
14	混凝土搅拌机		3	淋灰池	灰
15	灰浆搅拌机		4	沥青锅	
16	洗石机		5	避雷针	
17	打桩机				

附录 单位工程施工组织设计案例：
××××工程施工组织设计

目　录

1　工程概况及编制依据

1.1　工程概况

1.1.1　工程概述

工程是集旅游、餐饮、停车场等多功能为一体的综合性建筑。该工程为地下一层、地上 3～16 层的框架结构。本工程建筑面积 28500m²，其中地下室面积达到 8228m²。建设单位要求质量等级为合格，工期为×××日历天。

1.1.2　主要施工内容

土建：地下室及上部结构工程、装饰工程；

安装：消防、水、电、暖通、电梯及部分幕墙；

室外工程：水、电、电信、有线电视、园林绿化、泛光照明等。

1.1.3 设计概况（略）

1.1.4 工程重点及难点分析

本工程是集旅游、餐饮、停车场等多功能为一体的综合性建筑。建筑规模和总平面占地较大，主体建筑整体面积、内容的综合性决定了本项目土建及安装等工程技术上的难度和复杂性。土建与其他专业单位应同步进入施工及施工交底工作，不各行其是，并密切配合，制定最合理的施工程序，避免发生相互影响工程质量的现象。本工程体量大、面积大，具有以下特点：

施工工期紧：本工程工期目标为×××日历天；

质量要求高：确保达到省级优质工程标准；

技术要求高：基础持力层的控制、大面积地下室的施工、施工现场的排水、支模架的施工、工程施工的测量控制等都具有较高的技术要求；

安全文明施工要求高：确定本工程安全文明施工目标为争创省建筑安全文明标化工地；

相关方协调要求高：本工程有指定分包单位，在搞好与建设、监理、质监、设计各相关方关系的同时，必须搞好与指定分包单位的关系，特别是工序接口部位的衔接。

1.1.5 工程重点、难点分析及应对措施

结合本工程设计和现场实际情况，施工主要存在以下施工重点和难点：

1）垂直运输

垂直运输是高层建筑保证施工进度的关键，垂直运输设备的配备是否满足工程进度需要、布置是否合理有效，是能否保证工程进度有效进展的前提条件，是施工方案中应重点考虑的施工进度保证措施之一。计划在地下室及主体结构施工阶段采用混凝土输送泵，在结构施工阶段配备塔吊 1 台、井架 2 台，以提高垂直运输能力。

2）总分包的配合协调管理

本工程还包括其他的指定专业分包，整个工程的施工过程实际上是一个整体配合、协作过程，在施工中，应加以统一管理、统筹安排、各方兼顾，并做到主次分明。如在主体结构施工阶段，应以土建结构施工为主，各专业分包应积极配合，而到装饰阶段，则应以机电、消防等专业单位为主，土建积极配合。

3）施工进度的控制

建设单位要求工期为×××天，和国家定额工期相差较大，施工进度的控制是本工程的一个重点。

4）地下室的大面积（大体积）混凝土的施工

本工程的地下室面积达到 8228m²，施工时容易产生裂缝及产生渗漏等，必须从各方面对地下室的混凝土进行严格控制，如水灰比等。混凝土施工的成功与否，直接影响到地下室结构的质量及地下室的防水，将制定专项方案。

5）地下室防水的施工

本工程的地下室防水是施工时的一个质量控制点，地下室防水完成的好坏，直接影响到整个工程的质量。本施工组织设计将对地下室防水进行阐述。

6）创优夺杯管理

我公司拟定本工程质量目标为：确保省优质工程。在工程开工前，即应落实责任制，分解质量目标，建立完善的质量保证体系和质量控制体系，从开工抓起，加强过程控制，加强工程资料控制。

7）现场文明标化管理

本工程的安全文明标化目标为：争创省级安全文明双标化工地。本工程为旅游行业的亮点建筑，文明标化工作将影响到整个城市的文明形象，且文明施工也是体现企业及项目管理水平优劣的窗口。标化工作重在管理，主要从现场平面布置、施工过程管理两个方面加以控制。后续将做专题研究。

1.2 编制依据、原则及材料技术标准（略）

2 施工总部署

2.1 施工总体流程

2.1.1 施工准备工作

（1）工程进场交接。进场后，首先应做好与建设单位的进场交接工作。

（2）定位测量。工程开工进场后，施工人员立即进场按照总平面图的要求和业主提供的基准点，布置平面测量控制网，并在场内选择合适的位置设置测量控制点（控制点的设置按国家Ⅱ级导线点要求设置，其位置应不受地下结构和相邻建筑施工影响），设置控制标高的水准点，数量不小于4个，该水准点在整个施工过程中予以保护，不受损坏。

（3）图纸会审。在领取工程设计图纸后，立即组织有关施工管理人员认真熟悉图纸，并在此基础上组织图纸自审，并根据先后开工顺序及建设单位的安排参加图纸会审。

（4）修建临时道路。根据施工现场布图的要求，定出堆放材料位置、施工道路和临时设施，做好施工现场的混凝土硬化工作，并应符合《文明施工、安全生产技术措施》中的有关要求。

（5）敷设施工临时用电线路。根据不同阶段的施工要求，按规定铺设临时用电线路，具体铺设要求及计算详见有关施工用电的内容。

（6）敷设施工临时用水管路。根据不同阶段的施工要求，敷设施工临时用水管路，管路布置详见场布图，水管穿越过路时，应有一定的埋置深度，并穿套管保护，冬季施工外露水管应做好管道保温工作。具体水管计算见有关施工用水的内容。

（7）临时生活、生产用房的搭设。根据不同施工阶段的需要搭建临时生产、办公用房，搭设要求除满足生产生活的要求外，还应符合省级文明标准化工地的要求，具体搭设要求详见《文明施工、安全生产技术措施》中的有关要求。

（8）消防设施的设置。在不同的施工阶段，均应按有关规定及实际要求配备必要的消防设施和器具，配备要求详见《文明施工、安全生产技术措施》中有关消防管理的要求。

（9）编制劳动力需要量计划。按照开工日期和总工期要求，编制劳动力需要量计划，组织各相关工种进场，安排好进场职工生活，并做好入场职工的学习教育工作。

（10）编制材料计划。根据施工计划要求和进度先后，编制建筑材料和制品需要量计划。按时、按质、按量组织进场，并按现场布置要求堆放整齐。

（11）场地绿化计划。开工前，要做好绿化设计，准备花草、草皮的来源，做到与地坪硬化工作相配合。

（12）建立现场的治保组织。为了加强治安保卫工作，现场安排 2 人专职治保员，以保证工地施工过程中不发生意外事件。

（13）办理本市有关部门规定的工程施工所需的一切相关手续。

2.1.2 施工劳务层人员组织

施工劳务层是在施工过程中的实际操作人员，是施工质量、进度、安全、文明施工的最直接的保证者。选择劳务层操作人员时的原则为：具有良好的质量意识、安全意识；具有较高的技术等级；具有相类似工程施工经验的人员。

劳务层的划分为三大类：第一类为专业化强的技术工种，配备人员约为 50 人，包括机操工、机修工、维修电工、焊工、架子工、起重工等，这些人员是均曾经参与过相类似工程的施工、具有丰富经验、持有相应上岗操作证的人员；第二类为普通技术工种，配备人员约为 430 人，包括木工、钢筋工、混凝土工、瓦工、粉刷工、安装工、防水工、泥工等，以参与过类似工程施工人员为主进行组建；第三类为非技术工种，配备人员约为 80 人，此类人员的来源为长期与我公司合作的成建制施工劳务队伍，进场人员具有一定的素质。

劳务层组织由公司劳资科根据项目部的每月之劳动力计划，在全公司内部进行平衡调配，同时，确保进场人员的各项素质达到项目的要求，并以不影响施工为最基本原则。

2.1.3 机械设备组织

根据本工程的特点，施工机具主要集中在垂直运输、材料加工（钢筋、模板）、场外运输、砼和砂浆搅拌、水电材料制作和安装等。进场的主要机械设备包括：钢筋和模板加工机械、塔吊、井架、砼搅拌机、砂浆搅拌机、水电机械、载重汽车等，具体详见主要施工机械配备表。

2.1.4 材料组织

原材料组织主要分两类：第一类为成品材料，如工程用的机电设备等，这些材料将根据工程进度情况制订计划，有步骤地分批购买。在材料进场时负责验收，并提供相应的堆放场地。第二类材料为自行采购材料，如水泥、砂、石等，这部分材料将货比三家，从质量上、单价上把关，并通过监理审批，随用随进。

在原材料选择上，钢材、水泥、砼、砖、机电设备选型等是至关重要的。对于钢筋和水泥，对其质量、成分等要严格把关，均应使用大厂家的产品；对水电材料和机电设备，向业主推荐国内外最优秀的产品供业主选择。

本工程所用的周转材料均由项目经理部和公司材料科共同组织。对一些需先行定制的周转材料，应及时进行加工定制，并应根据进度计划进行调整、补充，以确保工程顺利施工。

2.1.5 运输组织

该工程场地较为狭窄，但交通运输便利，工地在地下室施工阶段可设两个入口（具体见施工场地平面布置图）。所以，要根据工程进度编制月、周、日材料需求计划，合理安排，合理调度，既要满足快速施工的要求，又要避免堆放材料过多，影响现场施工和增加二次搬运数量。

本工程运输量较大的是砂石、钢材和砖，届时将根据每天所需材料量随时调运卡车运输。

2.1.6 施工区段划分与总施工顺序

（1）施工区段的划分。在地下室及上部结构施工时施工区段划分图如图（略）所示。

（2）总施工顺序。

①地下室施工完成后，即组织基础验收，并进入地下室部分的机电、消防、装修的施工。

②主体结构施工阶段，机电、消防、装修等应进场进行预埋施工。

③主体结构全面完成，组织结构验收，精装修进场施工。此时，是整个工程施工的劳动力最高峰，也是交叉作业最频繁时期。

④安装、消防、幕墙等要求与土建同时进场，做好进度计划的编制及解决设计问题，并确保预留、预埋工作不影响土建施工进度。

⑤总体控制：整个工程总工期控制在×××日历天内完成。

2.2 机械设备的选用和布置

2.2.1 主要施工机械设备表

序号	机械或设备名称	规格型号	数量	国别产地	制造年份	定额功率（kW）	备注
1	砼输送泵	—	2	德国	—	—	
2	砂浆搅拌机	MFU-200	6	浙江	2010	4	
3	钢筋切断机	QJ40-1	2	山西	2010	7.5	
4	钢筋弯曲机	WJ40-1	2	江西	2009	2.8	
5	钢筋对焊机	UN-100	2	上海	2008	100	
6	电渣压力焊机	—	10	上海	2005	—	
7	塔吊	QTZ60	1	江西	2008	75	
8	井架	SSE160	2	浙江	2008	3.5	
9	台锯	MJ-263	2	四川	2010	2.2	
10	压刨	MY-100	2	四川	2010	1.8	
11	电焊机	交流	4	上海	2008	20	
12	电焊机	直流	4	上海	2008	20	
13	插入振动设备	—	15套	浙江	2010	2	

序号	机械或设备名称	规格型号	数量	国别产地	制造年份	定额功率（kW）	备注
14	平板振动设备	—	3台	浙江	2010	2	
15	污水泵	—	2台	杭州	2008	2	
16	潜水泵	—	10台	杭州	2010	3	
17	空压破碎机	—	6台	杭州	2008		
18	循环水泵	—	1台	杭州	2007	3	
19	增压泵	—	1台	杭州	2006	3	
20	运输车辆及翻斗车	—	若干辆	—	—		

说明：未包括设备安装工程施工机械。

2.2.2 主要测量计量工具及检测仪器一览表

名称	规格	数量	备注	进、退场日期
经纬仪	J3	1台	已检测合格	开工至竣工
水准仪	S6	2台	已检测合格	开工至竣工
精密水准仪	NA2+GPM3	1台	已检测合格	沉降测量
钢卷尺	50m	3把	已检测合格	开工至竣工
钢卷尺	3m	10把	已检测合格	开工至竣工
磅秤	TGT-1000	6台	已检测合格	开工至竣工
接地电阻测量仪	$0.1 \sim 0.5\Omega$	1台	已检测合格	开工至竣工
绝缘电阻测量仪	$0.5 M\Omega$	1台	已检测合格	开工至竣工
试水压表（泵）	$0.1 \sim 0.6 Pa$	1台	已检测合格	开工至竣工
砼试模	$15 \times 15 \times 15$	12组	已检测合格	开工至竣工
抗渗砼试模	$\phi 17.5 \times \phi 8.5 \times \phi 15$	2组	已检测合格	开工至竣工
砂浆试模	$7.07 \times 7.07 \times 7.07$	2组	已检测合格	开工至竣工
靠尺	2m	2把	已检测合格	开工至竣工
塞尺	$1.5 \sim 2$	1把	已检测合格	开工至竣工
百格网	240×115	1把	已检测合格	开工至竣工
塌落度筒	$10 \times 20 \times 30$	1只	已检测合格	开工至竣工

续表

名称	规格	数量	备注	进、退场日期
小铁锤	1.5~2.0kg	2把	已检测合格	开工至竣工
砼回弹仪		1台	已检测合格	开工至竣工
力矩扳手		1把	已检测合格	开工至竣工
游标卡尺	300	1把	已检测合格	开工至竣工
刻度放大器		1把	已检测合格	开工至竣工
其他检测工具齐全				

说明：（1）未包括法定检测单位的仪器和设备；
　　　（2）未包括设备安装工程计量工具及检测仪器。

2.3　劳动力资源配备计划

工　种	按工程施工阶段投入劳动力情况（人）			
	地下室阶段	主体阶段	装饰阶段	调试、扫尾阶段
木　工	50	60	30（细木）	10
钢筋工	40	50	5	2
砼　工	30	30	5	2
普　工	80	80	80	10
泥　工	40	60	20	5
粉刷工	—	30	60	10
油漆工	—	10	30	30
架子工	20	20	15	5
瓦　工	—	10	30	10
安装工	10	10	60	20
防水工	30	50	50	10
机操工	10	10	10	6
现场电工	5	5	5	2
电焊工	5	5	5	2
合计	320	430	375	124

注：本计划表以每天8小时工作制为基础。

2.4 主要周转材料投入及安排计划

序号	周转材料名称	规 格	需用量	进、退场时间
1	钢管	ϕ48×3.5	450t	开工陆续进场
2	扣件	十字、旋转	55000 只	开工陆续进场
3	建筑模板	930×1800×30	12000 张	开工陆续进场
4	松方木	60×80 80×100	350m³	开工陆续进场
5	脚手立人板	3500×300×50	300 块	开工陆续进场
6	竹脚手板	1000×1500	3000 张	开工陆续进场
7	安全密目网	1800×6000	1200 张	开工陆续进场

注：开工后按需进场，可根据施工具体情况做适当调整。

2.5 施工测量方案

本工程的施工测量控制工作将由一名测量工程师负责，另设专业的测量技术人员组成测量小组具体负责实施。

在本工程施工测量放线之前，除了检查好所有使用的测量仪器及工具外，还将做好以下准备工作：

（1）熟悉和核对设计图中的各部位尺寸关系；

（2）制定各细部的放样方案；

（3）准备好放样数据。

2.5.1 了解施工部署、制定测量放线方案

（1）从施工流水的划分、开工次序、进度安排和施工现场暂时工程布置情况等方面，了解测量放线的先后次序、时间要求以及测量放线人员的安排。

（2）根据现场施工总平面与各方面的协调。选好点位，防止事后相互干扰，以保证控制网中主要点位能长期稳定地保留。

（3）根据设计要求和施工部署，制定切实可靠的测量放线方案。

（4）根据场地情况、设计与施工的要求，按照便于控制全面又能长期保留的原则，测设场地平面控制网与标高控制网。

（5）验线工作：各分项工程在测量放线后，应由测量技术员及专职质检员验线以保证精度、防止错误。

2.5.2 主轴线的控制

根据四个区块的轴线布置特征，本工程拟建立三个方格网坐标体系。本工程的主控制

轴线如图（略）所示。

2.5.3 主轴线的竖向传递

外围轴线的上移利用经纬仪投测，通过在楼层面上弹出十字线作为楼层轴线控制基线，在每根边柱上弹出轴线和标高线，向上投引。

建筑物标高控制利用50m钢卷尺从底层标高控制线向上引测，楼层标高控制线设在梁外侧面。

2.5.4 高程的控制

在施工场地四周建立一水准网，水准网的绝对高程应从附近的高级水准点引测，引用的水准点应经过检查。联系于网中一点，作为推算高程的依据。

为了保证水准网能得到可靠的起算依据，为了检查水准点的稳定性，将建立一个水准基点组，此水准基点由三个水准点组成。每隔一定时间，或发现有变动的可能时，将全区水准网与水准基点组进行联测，以查明水准点高程是否变动。

2.5.5 高程的传递方式

1）高程向下传递方式

在进行地下室施工时，高程的传递采用如图（略）所示方法，在坑边架设一吊杆从杆顶向下挂一根钢尺（钢尺0点在下），在钢尺下端吊一重锤，重锤的重量应与检定钢尺时所用拉力相同。为了将地面水准点 A 的高程 HA 传递到坑内的临时水准点 B 上，在地面水准点和基坑之间安置水准仪，先在 A 点立尺，测出后视读数 a，然后前视钢尺，测出前视读数 b，接着将仪器搬到坑内，测出钢尺上后视读数 c 和 B 点前视读数 d，则坑内临时水准点 B 的高程按下式计算：

$$H_B = H_A + a - (b-c) - d$$

在传递高程过程中，为了保证精度，可测三次，每次移动钢尺 $3 \sim 5cm$，当高差误差不大于3mm时，取平均值使用。

2）高程向上传递方式

为了保证高程向上的有效传递及精度要求，本工程采用两种传递方式，即钢尺竖向传递法及双向经纬仪法。

（1）钢尺竖向传递法。±0.000以上高程（标高）传递，主要是用钢尺沿结构外墙、边柱或电梯井筒等向上竖直引测，一般至少要由3处向上引测，以便于相交校核和适应分段施工的需要。

引测步骤如下（略）。

（2）双向经纬仪法。

引测步骤如下（略）。

利用钢尺拉距和双经纬仪法可以做到互相检核，确保施测精度。

2.5.6 沉降观测

本工程沉降观测采用瑞士精密水准仪 NA2+GPM3，精度可达0.3mm。沉降观测点的位置如图（略）所示确定。

沉降观测点的制作采用10mm厚的钢板制成三角形的钢板，焊接在柱子上，三角形钢板上边用不锈钢焊条熔焊一个 $\phi10mm$ 的半圆形，作为观测点，在第一层结构施工完后即将沉降观测点安装到位，标高统一。另外做上保护装置，以免被破坏。如图（略）所示。

在建筑物周围布 3 个沉降观测水准点，挖深 1m 的埋石，待水准点完全稳定后，由已知水准点引测布设一条闭合的水准路线。利用检验过的精密水准仪精确测算出各点的高程。每月利用已知水准点对三个沉降观测水准点进行检测，如有下沉现象，精确测算出其高程变化，然后对其标高进行修改，才能进行沉降观测。

沉降观测水准点做好后，精确地对沉降观测点进行观测，做出第一次底段高程记录，往后结构每施工完一层板，即做一次沉降观测，结构封顶后每月做一次沉降观测，并做好记录，绘制曲线图，如发现异常，应及时通知设计院和监理单位。

每次观测沉降前，都要检查沉降观测水准点的准确性，检查测量仪器的完好率，按二等水准测量要求观测，观测时要定点定路线，定专人与专用仪器，在天气条件保证成像清晰时进行。

工程竣工以后，将资料复制归档，作为竣工资料进行移交，以便甲方继续观测，直至稳定。

2.5.7　测量资料

本工程采用测量记录及各种记录表格，能保证资料的完整以及正确性。

内业、外业资料齐全。施工中认真注意收集整理资料，确保竣工后交工资料准确无误。

2.5.8　测量质量保证措施

（1）用于测量和抄平的经纬仪、水准仪、铅垂仪及 50m 钢卷尺等主要测量工具必须定期经过具有资质计量检测中心检测合格后，方可使用。

（2）在用钢尺量距时，两端保持水平，拉力在 30m 保持 10kg，温度改正视当时施测时温差变化的大小而定，应适当考虑。

（3）电梯井每层有独立的"十字"墨线控制，力求减少误差，且每完成一层结构随即在井壁四周弹上垂直控制墨线，以确保井筒的绝对垂直。

（4）每次轴线测量应有另一人进行复核，并认真记录。

2.5.9　本工程拟用的测量仪器

本工程拟用的测量仪器见主要测量计量工具及检测仪器一览表。

3　主要分部分项工程施工方案与施工方法

3.1　地下室施工方案

3.1.1　工程概况及工程特点

本工程地下室施工具有以下特点：

（1）地下室施工面积大，地下建筑面积有 8228m^2。

（2）地下室多处断开并设有多条后浇带，将地下室分成多块。

（3）地下室混凝土：地梁和地下室底板、侧壁及顶板混凝土均为 S6 抗渗混凝土。

（4）地下室底板混凝土为大体积（大面积）混凝土。

3.1.2 土石方工程

（1）土石方开挖方法。本工程基础设计持力层在3～2层，为中风化粉砂岩层，采用一般的土方开挖方法不能满足施工的要求，石方工程大体积开挖必须采取爆破施工。小部分未达到设计标高的土石方可考虑采用空压机进行开挖，而超过设计标高开挖的部分采用C15毛石砼浇捣。

（2）基坑围护。因基坑周边环境复杂，有部分超过±0.0008m以上的岩面，并对以后使用带来不安全因素，故应采取可靠围护处理，具体详见专业设计的围护方案和专项施工组织设计。

（3）防、排水措施。基坑施工防、排水工作极为重要。当地面水大量流入，或地下水不断渗入，施工条件恶化，容易引起基坑积水。

基坑排水措施：结合现场实际情况，采用集水坑降水方法：在基坑底四周挖排水沟和集水坑，基坑内每隔15.0m（小型基坑每个设集水坑）挖纵横向排水盲沟，内填卵石，使地下水渗至排水沟流入集水坑，立即用潜水泵抽至排水沟内排走。排水沟的宽度、深度及集水坑数量根据基坑涌水量确定。由专人随时疏通和修整，确保流水畅通。集水坑，每只净尺寸为1000×1000×800，排水沟剖面如图（略）所示，基坑排水布置图如图（略）所示。

3.1.3 地下室钢筋工程

（1）钢筋制作：本工程地下室和基础钢筋在现场钢筋车间进行钢筋加工制作，运输至现场后就地绑扎。钢筋制作加工单由现场项目部提供。钢筋翻样根据施工图、会审纪要等，提出钢筋加工单，并须经项目部技术负责人审核后，送交加工车间加工。加工好的钢筋按不同规格挂设标识牌，并分类堆放在指定位置。

（2）钢筋连接：钢筋在制作时，对需要现场二次焊接的梁、板钢筋进行分类，提前进场。本工程基础和底板钢筋连接拟采用两种方式：其一，底板上、下皮钢筋采用对焊连接；其二，对于规格较小的钢筋采用绑扎接头。

钢筋连接应符合现行行业标准《钢筋焊接及验收规程》（JGJ18）、《钢筋焊接接头试验方法》（JGJ27）等的有关规定。

梁板筋中$\phi 14$以上钢筋采用焊接连接，$\phi 14$及以下的钢筋采用绑扎搭接接头。搭接按设计要求设置，同一截面接头率不大50%。相邻两头应错开$1.3×45d$，每个接头用扎丝绑扎不得少于三道。

（3）钢筋绑扎：框架梁的钢筋与模板工程穿插进行，板的钢筋在梁板支设完成后进行。梁的箍筋与板筋在绑扎前均应先画线，确保梁板钢筋在绑扎时要严格按设计要求的规格、数量、搭接长度绑扎牢固。

基础钢筋绑扎前，根据轴线、梁位置线进行试排，然后用粉笔画出钢筋位置，依次进行排放。在铺排钢筋时，先梁后板，先主梁后次梁，以方便绑扎为原则。钢筋排放要注意搭接位置，搭接钢筋截面面积比率等均应符合施工规范要求。对集水坑、排水沟等处，钢筋要认真定位，防止差错。基础钢筋保护层按规范要求控制。

（4）基础底板上下层钢筋要设置支撑，保证钢筋位置的正确。本工程钢筋骨架支撑采用螺纹钢支架。对底板上层钢筋，采用$\phi 18$钢筋支脚焊接加固，支脚的间距为@1500双向。底板上层钢筋的加固，详见下图。

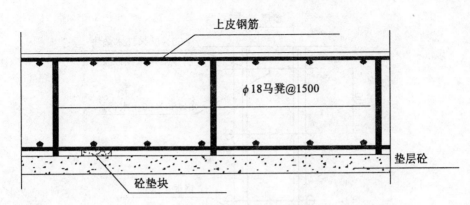

地下室底板上皮钢筋加固图

基础柱、墙插筋在砼浇捣过程中，难免会产生偏移影响其位置的正确。在基础底板钢筋施工时，上、下层钢筋间设置剪刀撑，增加其骨架刚度，确保柱、墙位置正确。

（5）待地下室底板钢筋绑扎完成后，再插入柱墙平面位置预留插筋。柱、墙插筋绑扎时，要认真核对图纸，确保钢筋的型号、规格正确。所有柱、墙插筋下端有平直弯钩，伸至底板钢筋处。为防止柱、墙插筋移位，插筋在与底板上层钢筋处，绑扎柱箍筋和水平钢筋，用电焊与上层钢筋连接牢固，且在柱、墙上绑扎 1m 高箍筋和墙水平钢筋。墙柱插筋锚入底板内的深入以满足锚固长度为原则。对插筋的弯钩长度，要考虑插筋点的纵横钢筋的网格尺寸，以免无法正确操作就位。框架柱纵向钢筋总根数 $n \leqslant 8$ 根时，可一次接头；$n > 8$ 根时，应分两次接头。柱子插筋在砼面上用 $\phi 25$ 钢筋，焊成"井"字形夹住钢筋。

（6）墙、柱钢筋的绑扎在底板砼浇灌完毕并终凝后强度达到 1.2MPa 以上再进行。在绑扎墙柱钢筋时，应严格按设计要求的规格、间距、数量进行。墙柱钢筋采用吊线绑扎，要做到横平、竖直。箍筋弯钩应做成 135°，弯钩平面段应不少于 10d。

3.1.4　地下室模板施工及支模系统的设计

1）地下室模板的施工

采用组合钢模板支模，为保证墙壁砼施工时不炸模、不漏浆、横平竖直、几何尺寸正。在墙壁支模时，固定采用两根 $\phi 48$ 钢管，竖向双向间距为 500mm，用 $\phi 12$ 止水螺杆加角铁固定。横向采用 $\phi 48$ 钢管，单根与竖向钢管连接。上下尺寸以每边间距 500mm 进行整体固定，如下图所示。

墙模板采用组合钢模板。在施工前，根据图纸尺寸先排出模板图，再根据模板图施工。

模板安装时，应注意九夹板接头处的缝隙，如有缝隙，采用胶带纸密封，不使砼浇筑时漏浆。为保证墙的截面尺寸，应在墙底部的墙筋上，焊接长度比墙厚尺寸小 2~3mm 的导墙钢筋。这样，在加固时，能起到整体模板平直和保证墙厚度的作用。

对地下室外墙，其对拉螺栓必须焊有止水片。墙面模加固则利用对拉螺栓夹紧固定木方和钢管，外用垫片固定。在上螺帽时，必须紧固木方及钢管，以使每根螺杆均匀受力。同时，对拉螺杆的间距应合理，过密，会浪费材料；过稀，则起不到加固作用。

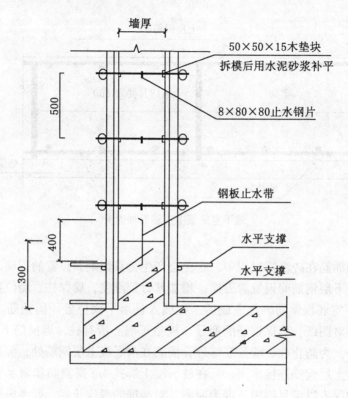

地下室壁板支模节点图（mm）

2）地下室支模系统的计算

（1）计算位置的选择。计算位置的选择一般考虑选用层高较高、跨度较大、梁截面较大的位置（即最不利荷载位置）。通过对地下室施工图的研究，选择二层楼面 14c～15c 轴/Cc～Dc 轴位置。最大梁截面为 300mm×600mm，其他梁截面为 250mm×450mm，板厚为 200mm，层高为 4m。具体见下图。

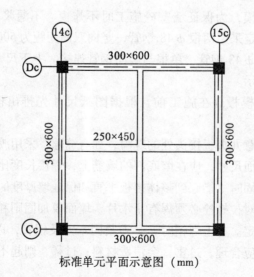

标准单元平面示意图（mm）

（2）梁板模板及支撑系统。

①计算钢管支架所受的荷载时，以四柱（轴线）所围的范围作为研究对象（如下图）：

拟设置钢管根数：8×8=64 根。

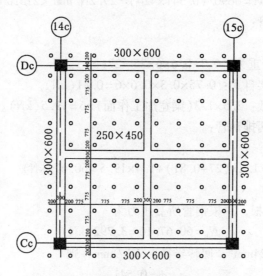

地下室钢管平面布置图（mm）

a. 施工荷载计算。

屋面梁自重：
$$G=(0.3×0.6×6×2+0.25×0.45×6×2)×25=87.75(kN)$$

屋面板自重：
$$G_1=25×0.2×[(6-0.55)×(6-0.55)]=148.5(kN)$$

模板及支架自重（包括梁模板）：
$$G_2=0.75×6×6=27(kN)$$

施工活荷载：（计算钢管支架时，取 $2.5(kN/m^2)$，即 $2.5×6×6=80(kN)$。

钢管支架所承受的总的荷载：
$$1.2×(87.75+148.5+27)+1.4×80=427.9(kN)$$

b. 钢管支架计算。

单根钢管所受压力：$427.9/64=6.69(kN)$。

在施工中使用 $\phi48mm×3mm$ 钢管，则钢管截面积为
$$A=24×24×3.14-21×21×3.14=424(mm^2)$$

钢管的回转半径为
$$i=(d^2+d_1^2)^{1/2}/4=(48^2+42^2)^{1/2}/4=15.9(mm)$$

检验钢管的抗压强度为
$$\delta=N/A=6690/424=15.78N/mm^2<215N/mm^2$$

检验钢管的失稳：

钢管的长细比：

$$\lambda = L/i = 1800/15.9 = 113.2$$

查钢结构设计规范，得 $\phi = 0.541$，则

$$\delta = N/\phi A = 6690/(0.541 \times 424) = 29.2 \text{N/mm}^2 < 215 \text{N/mm}^2$$

②设计主次梁处钢管：

a. 施工荷载计算。

主梁(跨度 6m)的自重为：$0.3 \times 0.6 \times 6 \times 25 = 27 \text{(kN)}$。

主梁模板及钢管支架自重：$0.75 \times 0.3 \times 0.6 \times 6 = 0.81 \text{(kN)}$。

主梁处之施工活荷载：$2.5 \times 1.3 \text{(梁宽加工作面)} \times 6 = 19.5 \text{(kN)}$。

准备在主梁处设置两排钢管：

主梁所受总荷载为

$$1.2 \times (27 + 0.81) + 1.4 \times 19.5 = 60.67 \text{(kN)}$$

b. 钢管强度验算。

梁处共设置钢管 16 根，单根钢管所受压力为

$$N_1 = 60.67/16 = 3.792 \text{(kN)}$$

钢管的截面积 $A = 424 \text{mm}^2$，回转半径 $i = 15.9 \text{mm}$，则

$$\phi = 0.541$$

$$\delta = N/\phi A = 3792/(0.541 \times 424) = 16.5 < 215 \text{(N/mm}^2)$$

强度满足要求。

c. 计算梁处混凝土侧压力。

侧压力取下列二式计算得到的较小值：

$$F = 0.22\gamma t_0 \beta_1 \beta_2 V^{1/2}$$

$$F = \gamma H$$

式中：F——新浇筑混凝土对模板的最大侧压力(kN/m^2)；

γ——混凝土的重力密度，取 25kN/m^3；

t_0——新浇混凝土的初凝时间 $t_0 = 200/(T+15)$，T 为混凝土的浇筑时的温度(考虑混凝土浇筑时的温度为 25℃)；

β_1——外加剂的影响修正系数，掺膨胀剂，取值 1.2；

β_2——塌落度影响修正系数，$11 \sim 15 \text{cm}$ 时取值 1.15；

V——混凝土的浇筑速度，取值 2m/h；

H——混凝土浇筑高度。

即

$$F = 0.22\gamma t_0 \beta_1 \beta_2 V^{1/2} = 0.22 \times 25 \times 5 \times 1.2 \times 1.15 \times 2^{1/2} = 53.7 \text{(kN)}$$

$$F = \gamma H = 25 \times 0.6 = 15 \text{(kN)}$$

取 $F = 15 \text{kN}$。

对拉螺栓 $D = 12 \text{mm}$ 每 1m 设置一道，则

$$N_{max} = fs = 210 \times 3.14 \times 6^2 = 23738 \text{(N)} = 23.7 \text{(kN)} > 15 \text{(kN)}$$

螺栓强度满足设计要求。
具体设置如下图所示。

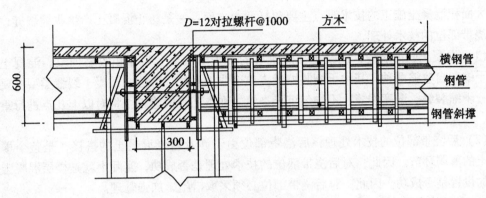

主梁、板模钢管剖面图(mm)

③柱模板计算：柱模板最主要的是计算柱混凝土的侧压力：
以柱的最大高度4m计，混凝土侧压力的具体计算同上例梁处混凝土侧压力，即

$$F = 0.22\gamma t_0\beta_1\beta_2 V^{1/2} = 0.22 \times 25 \times 5 \times 1.2 \times 1.15 \times 2^{1/2} = 53.7(kN)$$

$$F = \gamma H = 25 \times 4 = 100(kN)$$

值$F = 53.7$kN。
对拉螺栓$D = 14$mm 每0.5m设置1道，则

$$N_{max} = fs = 210 \times 3.14 \times 7^2 = 32311(N)$$

$$F_{螺栓} = 32.31/0.5 = 64.62(kN) > 53.7kN$$

螺栓强度满足设计要求。具体布置如下图所示。

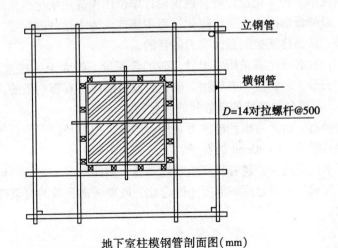

地下室柱模钢管剖面图(mm)

地下室外墙的计算与柱的计算方式相类似，在此不另计算，具体施工图及螺栓的配置

见前述。

3.1.5 地下室底板大面积混凝土施工

1）施工技术难点分析

大面积混凝土施工的技术难点主要包括两个方面：一是防止混凝土产生收缩裂缝；二是后浇带部位的技术处理。

（1）混凝土收缩裂缝：混凝土在浇筑后的养护阶段会发生体积收缩现象。混凝土收缩分干缩和自收缩两种，其中干缩收缩量占整个收缩量的大部分。混凝土裂缝类型主要有三类：干缩裂缝、温度裂缝、不均匀沉降裂缝。在本工程的施工中将对以上几点进行重点控制。

（2）后浇带部位的技术处理：后浇带部位由于涉及新老混凝土的搭接，是整个楼层混凝土的薄弱环节。因此，对后浇带部位的技术处理是否成功，实际上就是楼层混凝土后浇带的设置是否成功。因此，对后浇带部位必须采取措施，加强管理。

2）应对技术措施

（1）裂缝产生原因。

①干缩裂缝产生原因：干缩裂缝产生的原因主要是混凝土成型后养护不当，表面水分散失过快，造成混凝土内外的不均匀收缩，引起混凝土表面开裂；或由于混凝土体积收缩受到地基或垫层的约束，而出现干缩裂缝。除此之外，混凝土内外材质不均匀和采用含泥量大的粉细砂配制混凝土，也容易出现干缩裂缝。

②温度裂缝产生原因：温度裂缝是由于混凝土内部和表面温度相差较大而引起的。深进和贯穿的温度裂缝多由于结构降温过快，内外温差过大，受到外界的约束而出现裂缝。

③不均匀沉降裂缝产生原因：不均匀沉降裂缝是由于建筑物的不均匀沉降引起的。另外，由于模板、支撑没有固定牢固，以及过早地拆模，也常会引起不均匀沉陷裂缝。

（2）混凝土裂缝应对技术措施。

①材料选用。在本工程深化设计时，建议设计单位优先选用水化热低的水泥或在混凝土中掺入缓凝剂，以降低混凝土在凝结硬化过程中所产生的水化升温幅度，不致产生过多的混凝土内外温差，从而达到控制温度应力的目的。

砂、石料选用：砂必须全部采用中粗砂，砂的含泥量不得大于（按重量计）2%，并要严格控制砂料中云母、轻物质、有机物、硫化物及硫酸盐等有害物质的含量，砂中云母含量不得大于1%，不得含颗粒状的硫酸盐或硫化物。

石子全面采用碎石，由于考虑到砼的可泵性，不能采用粒径较大的石子，因此在本工程中，将全部采用粒径为15~30mm的石子。

水用量：由于水用量越大，越容易产生收缩裂缝，因此在本工程的砼确定时，应严格控制水灰比。经试配确定出最合理的混凝土配合比，既要考虑到砼的可泵性，又要严格控制混凝土的水灰比。

②施工控制：

a. 在设计混凝土配合比时，选用合理的砂石级配，降低水用量，并尽可能减少水泥用量，以降低混凝土的水化热。

b. 编制详细的模板专项方案，对操作者进行详细交底，在模板支设完成后，认真检查。在混凝土浇捣时，设专人看模。

c. 尽可能缩短砼搅拌与施工的间隔时间，以避免砼出现离析现象。

d. 泵送严禁渗水，并应严格控制砼坍落度，砼泵送前，应根据施工规范进行坍落度试验。

e. 当选用泌水性较大水泥时，在混凝土浇筑完毕后，应及时排除泌水，必要时，还需进行二次振捣。

f. 混凝土浇捣按后浇带分块浇捣，每块板采用泵送自拌砼连续浇捣，一气呵成。施工工艺采用斜面分层法，做到分层浇筑，分层捣实，浇筑工作应从浇筑层的下端开始，逐渐上移，保证上下层混凝土在初凝前结合好，不致形成施工缝。

g. 认真做好混凝土的养护工作。本工程柱采用浇水养护，早、晚各一次定期浇水。使砼在一定时间内保持水泥水化作用所需的适当温度和湿度条件，养护时间不少于 7d。本工程楼面由于考虑到表面积较大，拟采用塑料薄膜养护。塑料薄膜养护是将塑料溶液喷洒在混凝土表面。溶液挥发后，塑料与混凝土表面结合成一层薄膜。使混凝土表面与空气隔绝，封闭混凝土中的水分不再被蒸发，而完成水化作用。用塑料薄膜养护必须保护薄膜的完整性，不得损坏破裂。

h. 如果发现混凝土表面已产生裂缝，应将附近的混凝土表面凿毛，扫净并洒水湿润。先刷水泥净浆一度，然后用 1∶2～1∶2.5 水泥砂浆分 2～3 层涂抹。总厚度控制在 10～20mm，并压实抹光。屋面楼板用水泥净浆（厚 2mm）和 1∶2.5 水泥砂浆（厚 4～5mm）交替抹压 4～5 层刚性防水层，涂抹 3～4h，进行覆盖，洒水养护。为使砂浆与混凝土表面结合良好，抹光后的砂浆面应覆盖塑料薄膜，并用支撑模板顶紧加压。当表面裂缝较细、数量不多时，可将裂缝以冲洗，用水泥浆抹补。

(3) 后浇带砼的浇灌及振捣。

地下室工程由于底板面积大，设计设置了多条后浇带。后浇带的施工容易产生施工的质量问题，必须严格把关。

由于该工程地下室设有多条后浇带。为确保后浇带位置的准确性，防止混凝土流淌而"填"满后浇带。在浇灌前，即绑钢筋过程中，计划用混凝土专用快易收口网将后浇带与旁边分隔开来。快易收口网是一种消耗性模板，当混凝土入模浇注时，网眼上的斜角片就嵌在混凝土里，并与这些混凝土连在一起形成一种波纹状表面，其粘接及剪切方面的强度可与经过良好处理的粗糙缝媲美。为防止钢丝网因强度不够而变形，在钢丝网后面靠后浇带内侧用钢筋骨架加固。

后浇带的浇筑采用高一级标号的混凝土。考虑到补偿收缩混凝土的膨胀效应，混凝土内掺入适量的微膨胀剂。

后浇带砼施工时，从施工缝处开始继续浇筑时，要注意避免直接靠近缝边下料，机械振捣应向施工缝处逐渐推进。应加强对施工缝的捣实工作，使其紧密结合。

混凝土浇筑后，在硬化前 1～2h 应抹压，以防沉降裂缝的产生。

砼工程是整个建筑施工的一道关键工序。砼质量的好坏直接影响到整个建筑工程的质量，所以施工时必须控制砼的浇灌宽度和墙的分层厚度。做到勤下灰、勤振捣。另外，砼浇灌要做好交接班工作。接班人员未到位，交班人员不下班，确保砼不要出现漏振和冷缝。

3.1.6 地下室防渗漏技术措施

1）结构防渗漏技术措施

严格控制施工缝的留置：施工缝留置在底板面上 300mm 处，施工缝处设置 3mm 厚、400mm 高的钢板止水带（详见地下室壁板支模节点图）。

（1）底板、墙壁均不留设纵向施工缝，板面在混凝土终凝前进行二次压光，以提高板面抗渗能力。

（2）垫层与底板之间设一道玛蹄脂隔离层，以减少垫层对底板的约束，防止产生较大的温度收缩应力导致底板开裂，同时使底板多一层抗渗层。

（3）底板钢筋双层钢筋之间配置 $\phi 14$ 的连系筋（600×600 梅花形排列），钢筋砼墙壁两层钢筋之间配置 $\phi 8$ 的连系钢筋（600×600 梅花形排列），以便控制钢筋间距和板厚，提高抗温度裂缝能力。

（4）底板采取间隔浇筑，使其有一定收缩时间。

（5）模板、材料质量：

①控制拼缝宽度；

②支模质量：采用钢管搭设稳定的支模架。墙壁支模用 $\phi 12$ 螺杆，并加设止水片。模板拼缝用胶带纸粘贴的方法来减少漏浆引起的漏水现象。

③选用合理的砼配合比。粗细骨料级配合理，控制骨料含泥量，采取石料冲洗、黄砂过筛等方法来保证砼不因自身原因而引起渗漏水，并且在混凝土内掺加适量矿粉和粉煤灰以改善和易性，增加密实性，提高抗渗性。掺加水泥用量 8% ~ 12% 的微膨胀型砼防水剂，减小水灰比，以便于捣实、找平、压光，提高密实性和抗渗漏能力。

④选用合理的施工工艺和施工流水。加强振捣，控制振捣时间，提高振捣效果。严防蜂窝、麻面、露筋等现象的产生，提高砼自身的抗渗能力。

⑤处理好施工缝这一薄弱环节。采用凿除浮浆及浮石，设钢板止水带，浇水清理。二次砼浇捣时，用水泥砂浆套浆等措施提高施工缝的抗渗漏能力。

⑥加强砼的养护，严防收缩裂缝的产生。

（6）墙壁防止裂缝的措施：混凝土浇筑墙壁，为防止墙壁出现裂缝，可采取以下措施：

①墙壁钢筋绑扎时，应严格控制板侧钢筋的保护层厚度。

②在征得设计同意后，适当加密墙壁的水平钢筋。墙壁水平钢筋宜放在竖向筋的外侧。

③墙壁混凝土浇捣后，马上进行混凝土的带模养护，保持模板的持续湿润，并在拆模后持续浇水养护，控制总养护时间不少于 14d。

（7）钢筋焊接的质量问题：

①焊工必须持证上岗并能熟练操作。

②电流必须稳定，避开施工高峰用电期。

③选用合理的操作工艺。

④材料必须洁净，焊剂必须合格。

⑤按规范要求施工，雨天严禁在室外进行钢筋焊接、对接。

（8）墙壁开洞及穿墙套管施工：

①安装人员严格按图纸提供的套管大样预制。经检查合格、符合设计要求后方能交付土建预埋。

②土建必须做到不遗漏、尺寸和位置正确。要求安装各专业施工人员，在土建预埋过程中应指定专职人员进行复测和检查；在土建每次浇筑混凝土前，应主动配合土建清点复查（包括数量、标高和位置尺寸）。发现问题尽快提出，求得改正，以保不漏和正确。

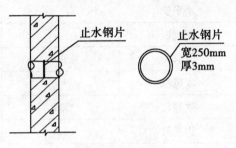

穿墙套管示意图

2）地下室防水材料的施工

本工程地下室防水工程主要有 JS 聚合物水泥基防水涂料与三元乙丙防水卷材。

（1）三元乙丙橡胶防水卷材施工工法。

①主要特点：三元乙丙橡胶防水卷材扯断强度高，扯断伸长率大，耐老化，低温柔性好。单层冷胶粘贴施工，易于搭接和与底层粘接。

②主要技术指标：

拉伸强度：>8MPa；

断裂伸长率：>300%；

处理尺寸变化率：<3%；

低温弯折性：–20℃无裂纹；

抗渗透性：0.2MPa、工作不透水；

抗穿孔性：不渗水；

剪切状态下的粘合性：>2.0N/mm；

热老化处理：一般性能、无气泡及缩孔，变化率±20%；

人工气候老化处理：经 1000h 老化，变化率±20%；

水溶液处理：拉伸强率、断裂伸长率相对变化率±20%，低温弯折–20℃无裂纹。

③施工准备：

a. 基层要求：

基层必须牢固，无松动现象，施工前必须清扫；

基层表面应抹压平整，平整度为：用 2m 长的直尺检查，基层与直尺间的最大空隙不应超过 5mm，空隙仅允许平缓变化。在基层平整度不符合要求时，应用聚合物（如氯丁胶乳、107 胶等）水泥砂浆批嵌修补。

④卷材施工的环境气候要求：一般施工温度不得低于 5℃。如必须在负温下施工时，一定要确保粘贴的质量。雨天、雾天不能施工。

⑤工具准备：卷材采用粘结剂粘结施工，施工所需主要工具如下表。

工具类别	工具名称	规格	数量
1. 清理基层工具	瓦刀	—	3 把
	小平铲	—	3 把
	钢丝刷	—	3 把
	扫帚	—	5 把
	吹风机	—	1 台
2. 放线裁剪工具	皮卷尺	50m	1 支
	钢卷尺	2m	2 支
	放线绳	—	50m
	放线色粉	—	0.5kg
	剪刀	—	2 把
3. 涂胶粘贴工具	油漆刷子	2~4 寸	5 把
	橡胶刮板	2~4 寸	5 把
	装胶小提桶	5L	5 只
	短柄小压辊	10mm×15mm	2 只
	长柄压辊	15mm×20mm	2 只

⑥施工方法：

a. 节点结构部位（分格缝、侧壁与底板转折处等）应先粘贴一层卷材，一般宽度为 150~200mm，附加层应单边粘贴。

b. 侧壁卷材铺贴方向自上而下，顶板的卷材铺贴方向双向均可。

c. 铺贴顺序：卷材垂直于水平面自上而下铺贴。

两幅卷材的长边搭接称为压边，应顺流水方向。短边搭接称为接头，应顺主导风方向。压边宽 80~100mm，接头宽度应不小于 100mm。

d. 据卷材的铺贴方案，确定卷材的铺设位置，用粉线在基层上弹出卷材铺设的标准线。

e. 卷材铺贴：

涂胶：涂胶采用油漆刷或刮板。涂胶时，卷材与基层两面同时涂胶，每平方米用胶量 400g 左右。涂胶后待溶剂挥发、晾干，需 5~15min，视气温而定，以不粘手为准，切忌操之过急；否则，因胶不干，铺设后会起泡。涂刷要均匀，不露底，不得有堆积现象。采用条铺法时，应按卷材与基层的涂胶位置涂刷。条铺卷材粘结而应不小于50%。

铺贴卷材：铺贴卷材应严格按线铺贴。如偏出标线，卷材将起皱、歪曲，会使卷材扭曲，不能铺贴。铺贴时切忌用力拉紧使卷材伸长变形，使卷材受力。

平面与立面相连的卷材应由下开始向上铺贴，并使卷材紧贴阴角，不得出现空鼓现象。立面卷材上的铺贴高度不得少于250mm。

卷材和基层、卷材与卷材粘贴后应立即用压辊压实并排出空气。

为了保证搭接和接头粘结牢靠，应在拉缝处涂胶封边。

（2）JS聚合物水泥基防水涂料施工工法。

JS聚合物水泥基防水涂料由粉料、水和专用高聚物乳液在施工现场拌和成均匀浆料后即可使用，随配随用，冷作业，施工安全，操作简便，用刷涂法或滚涂法施工。每平方米施工面积的用料量为1.5~3.0kg。

①该防水涂料的主要性能特点：

可在潮湿或干燥基面上直接施工；

可随各种施工部位的不同结构和形状任意成型，形成无接缝的整体柔性防水涂层；

粘结性能好，几乎能与所有材料相粘结，可直接在沥青、聚氨酯、SBS、APP等旧防水层上施工；

抗紫外线能力强，可抵御室外长期高温酷热、雨淋暴晒和严寒等环境变化；

涂膜可绕曲可延伸，抗变形能力强，低温-40℃不龟裂，高温100℃不熔化，涂膜颜色有多种色彩选择；

防水抗渗性能优异，在0.6MPa水压下连续168h不透水；

符合《民用建筑工程室内环境污染控制规范》（GB50325—2001）标准，施工安全，无毒无害，可用于饮用水工程。

②主要技术指标（JC/T894—2001）：

拉伸强度≥1.2MPa；

断裂伸长率≥200%；

不透水性，水压0.3MPa，30min≥不透水；

低温柔性，ϕ10mm圆棒-10℃无裂纹；

抗渗性（背水面）≥0.6MPa；

潮湿基面粘结强度≥0.5MPa。

③地下室底板JS防水层施工要点：

基面要求及处理：本工程的基层面为1:3水泥砂浆的找平层，基面是平整、坚实、干净的；若找平层砂浆产生空鼓等现象，施工前必须全部铲除干净，并用砂浆修补平整；基面上的尘土、浆砂等杂物必须设法清除干净。

浆料配制：按粉料:乳液:水=1:1:1的质量配比，在干净的容器内放入配比量的乳液和配量的干净自来水并混匀。然后加入配比量的粉料，并拌和至粉料全润湿后，用电动搅拌器（可用于电钻改装，最好不用手工搅拌）充分搅拌不少于5min，使之成无生粉和无团粒的均匀浆料后即可使用。当环境温度在20℃左右时，每次配料的可操作时间为1h左右。

浆料的加水量可根据具体的施工情况灵活掌握,地下室施工时可适量多加些水,以使涂层平整;干燥基面第一遍涂覆的浆料需适量多加些水,以便于涂覆。

施工方法:施工时,用鬃刷或滚子将配好的浆料涂覆到已清理干净的平整的基面上。无论是用刷涂法还是滚涂法,均要求顺序操作,涂覆均匀,紧密接茬,不可漏刷或漏滚。每遍要尽量来回多重复几次,使浆料与基层之间粘结严实,不留气泡和砂眼。待上一遍涂层固化至手指接触太不粘手后才能进行下一遍涂覆,照此重复操作 4~6 遍,即为四涂或六涂。若防水层厚度达不到设计要求(0.9mm 厚),可增加涂覆遍数。每遍涂覆不宜太厚,要横竖交叉,上一遍横涂,下一遍竖涂。

④工程验收:防水层与基面应粘结牢固,表面平整,涂覆均匀,无堆积、流淌、皱折、鼓泡、露胎体和翘边等缺陷。涂层厚度应符合设计要求,最小厚度不应小于设计厚度的 80%。

⑤注意事项:地下防水工程粉料与乳液之质量配比为 1:1;

该防水涂料不宜在特别潮湿基体的基面上和通风不良的潮湿环境中施工,所以在地下室施工时,应加强底板的自防水,并应等地下室底板找平层干燥后方可施工;

涂层要干燥 7d 后才能做保护层;

新抹水泥砂浆要固化 7d 后才能进行防水施工;

迎水面施工基面上有接缝时,可预先用 5~10cm 宽的塑料薄膜或旧报纸等空铺在裂缝或接缝上,然后在其上面刷涂 04 型浆料 4~6 遍,浆料的刷涂面积要超过空铺塑料薄膜或旧报纸的周边 5cm 以上;

工具用完后要在浆料干固前及时清洗,并浸泡在水中;

乳液不能在 5℃ 以下储存,也不宜在夏天的烈日下暴晒。

3.2 主体结构工程施工方案

3.2.1 垂直及水平运输机具的选择

本工程垂直及水平运输是上部结构施工的关键。根据我公司现有的机械配备和使用情况,考虑到整个工程的施工需要,拟设置 1 台臂长 45mQTZ60 的固定附着塔吊,担负钢筋、模板、木方和脚手架钢管的垂直运输;2 台井架,负责运送少量的小型材料、装修材料。以上机械设备的安装将为本工程快速施工创造良好条件。

3.2.2 模板工程

根据我公司施工经验,模板体系的选择直接影响到主体结构的质量及施工进度。我们将以创优目标为着眼点,采用优质木模板体系,作为保证工程进度实现创优目标的重要措施之一。

本工程所需模板体系主要包括:框架柱模、砼墙模及梁板模板,其主要支模方式及体系选择如下表。

1）主要部位模板体系

工程部位	模板体系
1. 梁、板、柱	九夹板、40mm×60mm 木方、60mm×80mm 木方
2. 楼梯	九夹板
3. 梁、柱接头	木模

支模架采用钢管扣件式模板体系。

2）模板工程施工工艺流程

（1）施工前的准备工作。

①测量定位。

a. 投点放线。用经纬仪引测建筑物的边柱或墙轴线，并以该轴线为起点，引出其他各条轴线。然后根据施工图墨线弹出模板的内边线及水平 300 检查线，以便于模板的安装和校正。

b. 标高测量。根据模板实际的要求，用水准仪把建筑物水平标高直接引测到模板安装位置。在无法直接引测时，可采取间接引测的方法，即用水准仪将水平标高先引测到过渡引测点，作为上层结构构件模板的基准点，用来测量和复核其标高位置。

c. 找平。模板承垫底部应预先找平，以保证模板位置正确，防止模板底部漏浆。常用的找平方法是沿模板内边线用 1∶3 水泥砂浆抹找平层；另外，在外墙、外柱部位，继续安装模板前，要设置模板承垫条带，并用仪器校正，使其平直。

d. 设置模板定位基准。采用钢筋定位，即根据构件断面尺寸切割一定长度的钢筋，点焊在主筋上（以勿烧伤主筋断面为准），以保证钢筋与模板位置的准确。

②材料准备。

a. 木方刨直。所有进场木方均需刨直使用，且规格大小一致。

b. 支撑杆要整理。有破损大范围裂缝（特别是焊缝脱开）弯曲度较大的支撑杆均需替换。

（2）模板的支设方法。

①柱模板。本工程柱支模全部采用九夹板。支设方法为：首先，柱子第一段四面模板就位组拼，校正调整好对角线，并用柱箍固定，然后，以第一段模板为基准，用同样方法组拼第二段模板，直到柱全高。各段组拼时，其水平接头和竖向接头要连接牢靠。在安装到一定高度时，要设支撑或进行拉结，以防倾倒，并用支撑或拉杆上的调节螺栓校正模板垂直度。安装顺序如下：

搭设架子→第一段模板安装就位→检查对角线，垂直度和位置→安装柱箍→第二、三段模板及柱箍安装→安装有梁口的柱模板→全面检查校正→整体固定

柱模板全部安装后，再进行一次全面检查，合格后与相邻柱群或四周支架临时拉结固定。

柱模板安装时，要注意以下事项：

a. 柱模与梁连接处的处理方法是：保证柱模的长度符合模数，不符合部分放到节点部位处理；

b. 支设的柱模，其标高、位置要准确，支设应牢固。

c. 柱模根部要用水泥砂浆堵严，防止跑浆。

d. 柱模的浇筑口和清扫口，在配模时应一并考虑留出。

e. 梁、柱模板分两次支设时，在柱子混凝土达到拆模强度时，最上一段柱模先保留不拆，以便于与梁模板连接。

②梁模板。复核梁底标高校正轴线位置无误后，搭设和调平梁模支架（包括安装水平拉杆和剪刀撑）。在横楞上铺放梁底板固定，然后绑扎钢筋，安装并固定两侧模板。有对拉螺栓时插入对拉螺栓，并套上套管。按设计要求起拱（跨度等于或大于4m时，起拱0.1%）。安装顺序如下：

复核梁底标高校正轴线位置→搭设梁模支架→安装梁模底板→绑扎梁钢筋→安装两侧梁模→穿对拉螺栓→按设计要求起拱→复核梁模尺寸、位置→与相邻梁模连接固定。

梁模板安装时，要注意以下事项：

a. 梁口与柱头模板的连接特别重要，一般可采用角模拼接或用方木、木条镶拼；

b. 起拱应在铺设梁底之前进行；

c. 模板支柱纵横方向的水平拉杆、剪刀撑等，均应按设计要求布置。当设计无规定时，支柱间距一般不宜大于2m，纵横方向的水平拉杆的上下间距不宜大于1.5m，纵横方向的垂直剪刀撑的间距不宜大于6m；

d. 采用扣件钢管脚手架做支撑时，扣件要拧紧，梁底支撑间隔用双卡扣，横杆的步距要按设计要求设置；采用桁架支模时，要按设计要求设置，拼接桁架的螺栓要拧紧，数量要满足要求。

③楼板模板。

安装顺序如下：

搭设支架及拉杆→安装纵横钢楞→调平柱顶标高→铺设模板块→检查模板平整度并调平。

楼板模板安装注意事项：

a. 单块就位组拼时，每个跨从四周先用阴角模板与墙、梁模板连接，然后向中央铺设；

b. 模板块较大时，应增加纵横楞；

c. 检查模板的尺寸、对角线、平整度以及预埋件和预留孔洞的位置，安装就位后，立即与梁、墙模板连接；

d. 采用钢管脚手架作为支撑时，在支柱高度方向每隔1.2~1.3m设一道双向水平拉杆。

（3）模板的拆除。非承重侧模应以能保证混凝土表面及棱角不受损坏时（大于1.2N/mm²）方可拆除。承重模板应按本组织设计中的相关规定安排拆除。

模板拆除的顺序和方法应按照配板设计的规定进行，遵循先支后拆、后支先拆、先非承重部位、后承重部位以及自上而下的原则。拆模时，严禁用大锤和撬棍硬砸硬撬。

①柱模板：先拆除楞、柱箍和对拉螺栓等连接、支撑件，再由上而下逐步拆除。

②墙模板：在拆穿墙螺栓、大小楞和连接件后，从上而下逐步水平拆除。

③梁、楼板模板：应先拆梁侧模，再拆楼板底模，最后拆除梁底模。其顺序如下：

拆除部分水平拉杆、剪刀撑→拆除梁连接件及侧模→松动支架柱头调节螺栓，使模板下降 2~3cm→分段分片拆除楼板模板及支承件→拆除底模和支承件

拆模时，操作人员应站在安全处，以免发生安全事故。待该片段模板全部拆除后，方可将模板、配件、支架等运出堆放。

④严禁抛扔拆下的模板等配件，要有人接应传递，按指定地点堆放，并做到及时清理、维修和涂刷脱模剂，以待备用。

3）模板安装质量要求

模板安装完毕后，应按《混凝土结构工程质量验收规范》的有关规定，进行全面检查，合格验收后方能进行下一道工序。其质量要求如下：

（1）组装的模板必须符合施工设计的要求。

（2）各种连接件、支承件、加固配件必须安装牢固，无松动现象。模板拼缝要严密。各种预埋件、预留孔洞位置要准确，固定要牢固。

（3）模板必须方正。其对角线的偏差应控制在短边的 1/300 以内，四边成直线，表面要平整，用 2m 长靠尺检查，其凸凹度应小于 4mm。

4）注意事项

（1）每隔 2~3 层刷一次脱模剂，保证模板与砼能良好分离。

（2）模板安装容许偏差

序号	项目		容许偏差（mm）	检查方法
1	轴线位置		5	用尺量
2	底模上表面标高		±5	用经纬仪或尺量
3	截面内部轮廓尺寸偏差		+4 −5	用尺量
4	墙、柱垂直偏差	5m 以下	6	用吊线坠尺量
		5m 以上	8	用吊线坠尺量
5	板面平整		5	用 2m 长靠尺

5）模板支架的计算

模板支架的设计应满足强度、刚度和结构安全性的要求，并应满足经济性和易操作性。具体支模系统的计算如下：

（1）梁板模板及支撑系统。

①计算钢管支架所受的荷载时，以四柱（轴线）所围的范围作为研究对象（如下图）：

拟设置钢管根数：7×10＝70 根。

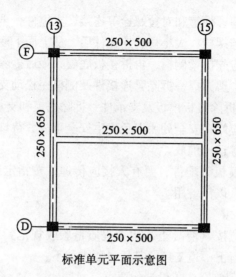

标准单元平面示意图

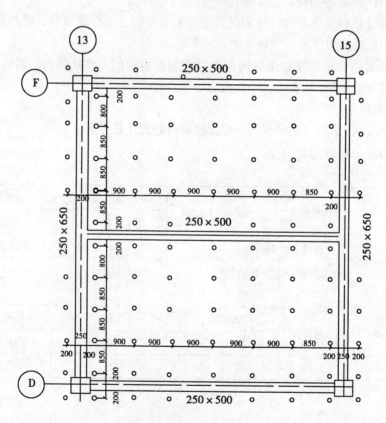

标准单元钢管平面布置图 （mm）

a. 施工荷载计算：

屋面梁自重：

$$G=(0.25 \times 0.65 \times 8 + 0.25 \times 0.5 \times 6 \times 2) \times 25 = 70(\text{kN})$$

屋面板自重：

$$G_1 = 25 \times 0.1 \times [(6-0.25) \times (8-0.5)] = 107.8 \,(\text{kN})$$

模板及支架自重：（包括梁模板）

$$G_2 = 0.75 \times 6 \times 8 = 36 \,(\text{kN})$$

施工活荷载：

计算钢管支架时，取 2.5kN/m^2，即 $2.5 \times 6 \times 8 = 120 \,(\text{kN})$。

钢管支架所承受的总的荷载为 $1.2 \times (70+107.8+36) + 1.4 \times 120 = 424.56 \,(\text{kN})$。

b. 钢管支架的计算：

单根钢管所受压力为 $424.56/70 = 6.1 \,(\text{kN})$。

在施工中使用 $\phi48 \times 3\text{mm}$ 钢管，则钢管截面积为

$$A = 24 \times 24 \times 3.14 - 21 \times 21 \times 3.14 = 424 \,(\text{mm}^2)$$

钢管的回转半径为

$$i = (d^2 + d_1^2)^{1/2}/4 = (48^2 + 42^2)^{1/2}/4 = 15.9 \,(\text{mm})$$

检验钢管的抗压强度为

$$\delta = N/A = 6100/424 = 14.4 < 215 \,(\text{N/mm}^2)$$

检验钢管的失稳：

钢管的长细比：

$$\lambda = L/i = 1800/15.9 = 113.2$$

查钢结构设计规范，得 $\phi = 0.541$，则

$$\delta = N/\phi A = 6100/(0.541 \times 424) = 26.6 < 215 \,(\text{N/mm}^2)$$

②设计主次梁处钢管。

a. 施工荷载计算：

横向主梁（跨度6m）的自重为 $0.25 \times 0.5 \times 6 \times 25 = 18.75 \,(\text{kN})$。

纵向主梁（跨度8m）的自重为 $0.25 \times 0.65 \times 8 \times 25 = 32.5 \,(\text{kN})$。

横向主梁模板及钢管支架自重 $0.75 \times 0.25 \times 0.5 \times 6 = 0.56 \,(\text{kN})$。

纵向主梁模板及钢管支架自重 $0.75 \times 0.25 \times 0.65 \times 8 = 0.98 \,(\text{kN})$。

横向主梁处之施工活荷载 2.5×1.25（梁宽加工作面）$\times 6 = 18.75 \,(\text{kN})$。

纵向主梁处之施工活荷载 $2.5 \times 1.25 \times 8 = 25 \,(\text{kN})$。

准备在主梁处设置两排钢管：

横向主梁所受总荷载为 $1.2 \times (18.75+0.56) + 1.4 \times 18.75 = 49.4 \,(\text{kN})$。

纵向主梁所受总荷载为 $1.2 \times (32.5+0.98) + 1.4 \times 25 = 75.2 \,(\text{kN})$。

b. 钢管强度验算：

横向梁处共设置钢管14根，单根钢管所受压力为

$$N_1 = 49.4/14 = 3.53 \,(\text{kN})$$

钢管的截面积 $A = 424\text{mm}^2$，回转半径 $i = 15.9\text{mm}$，则

$$\phi = 0.541$$

$$\delta = N/\phi A = \frac{3530}{0.541 \times 424} = 15.4 < 215\,(\text{N}/\text{mm}^2)$$

强度满足要求。

纵向主梁处共设置钢管 20 根，单根钢管所受压力为

$$N_1 = 75.2/20 = 3.76\,(\text{kN})$$

钢管的截面面积 $A = 424\,\text{mm}^2$，回转半径 $i = 15.9\,\text{mm}$，则

$$\phi = 0.541$$

$$\delta = N/\phi A = \frac{3760}{0.541 \times 424} = 16.4 < 215\,(\text{N}/\text{mm}^2)$$

强度满足要求。

c. 计算纵梁处的混凝土侧压力：

侧压力取下列二式计算得到的较小值：

$$F = 0.22\gamma t_0 \beta_1 \beta_2 V^{1/2} = 0.22 \times 25 \times 5 \times 1.2 \times 1.15 \times 2^{1/2} = 53.7\,(\text{kN})$$

$$F = \gamma H = 25 \times 0.65 = 16.25\,(\text{kN})$$

取 $F = 16.25\text{kN}$。

对拉螺栓 $D = 12\,\text{mm}$ 每 1m 设置一道，则

$$N_{\max} = fs = 210 \times 3.14 \times 6^2 = 23738\,(\text{N}) = 23.7\,(\text{kN}) > 16.25\,(\text{kN})$$

螺栓强度满足设计要求。

具体设置如下图所示。

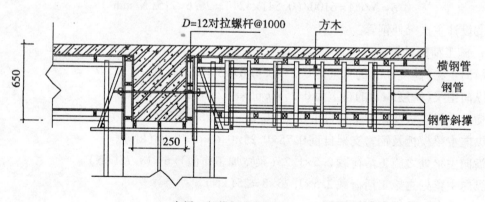

主梁、板模钢管剖面图（mm）

（2）柱模板计算。

柱模板计算中最主要的是计算柱混凝土的侧压力。以柱的最大高度 4.05m 计，侧压力取下列二式计算得到的较小值：

$$F = 0.22\gamma t_0 \beta_1 \beta_2 V^{1/2} = 0.22 \times 25 \times 5 \times 1.2 \times 1.15 \times 2^{1/2} = 53.7\,(\text{kN})$$

$$F = \gamma H = 25 \times 4.05 = 101.25\,(\text{kN})$$

取 $F = 53.7\text{kN}$。

对拉螺栓 $D=14\text{mm}$ 每 0.5m 设置 1 道，则

$$N_{\max} = fs = 210 \times 3.14 \times 7^2 = 32311(\text{N}) = 32.31(\text{kN})$$

$$F_{螺栓} = 32.31/0.5 = 64.62 > 53.7(\text{kN})$$

螺栓强度满足设计要求。具体布置如下图所示。

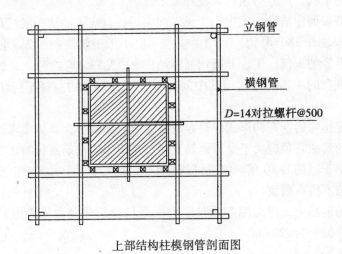

立钢管

横钢管

$D=14$对拉螺杆@500

上部结构柱模钢管剖面图

6）安全管理与维护

搭拆脚手架必须由专业架子工担任，持证上岗。

操作层上施工荷载应符合设计要求，不得超载。楼层上不得集中堆放模板、钢筋等物。

交叉支撑，水平加固杆，剪刀撑不得随意拆除。因施工需要临时局部拆卸时，应征得技术负责人的批准，施工完毕后应立即恢复。

对可调底座、顶托，应采取防止砂浆、水泥浆等污物填塞螺纹的措施。

3.2.3　钢筋工程

钢筋是砼结构中的主要受力材料之一，是砼结构的骨架，对砼结构的内在质量起着决定性的作用。钢筋进场必须有材质合格证明书，并取样送检，检验合格后方可使用。

钢筋规格比较多，也比较繁杂。要求我们从钢筋的制作到绑扎必须认真细致密切配合，做到既要满足绑扎需要，又要减少现场积压。

1）钢筋加工

该工程所有钢筋均在施工现场制作。现场设立钢筋加工棚，设立原材料及成品钢筋堆场。各种构件的钢筋在施工前均由工程技术人员按图纸要求作下料表，经技术负责人审核后下发到工地，方可进行下料。各种成品钢筋必须严格做到按规格堆放整齐，并挂标识牌，且堆放于塔吊的回转半径之内，以便于垂直运输。

（1）调直除锈：对于盘圆钢筋，用调直机进行调直，同时也达到除锈的目的。对于粗钢筋，采用电动钢丝刷除锈。

（2）钢筋切断：用机械式钢筋切断机，确保钢筋的断面垂直钢筋轴线，无马蹄形或翘曲现象，以便于连接或焊接。

（3）弯曲成型：此步是下料的重点。先画弯曲点位置线，再用机械成型。下料时应细致耐心，达到以下质量要求：

①钢筋加工的形状、尺寸必须符合设计要求；

②所用的钢筋表面应洁净、无损伤、无局部曲折，且应无油渍、漆污和铁锈等。

③Ⅰ级钢筋末端作180°弯钩，其弯曲直径不应小于钢筋直径的2.5倍，平直部分长度不宜小于钢筋直径的3倍。Ⅰ、Ⅱ级钢筋末端作90°或135°弯曲时，Ⅱ级钢筋的弯曲直径不宜小于钢筋直径的4倍。弯起钢筋中间部位弯折处的弯曲直径不应小于钢筋直径的5倍。

④箍筋末端应作弯钩，弯钩形式应符合设计要求。如设计无具体要求时，用Ⅰ级钢筋作箍筋，其弯钩的弯曲直径应大于受力钢筋直径，且不小于箍筋直径的2.5倍；弯钩平直部分的长度不应小于箍筋的10倍。箍筋两端作135°弯钩。

⑤各弯曲部位不得有裂纹。

⑥弯曲成型的钢筋中，受力钢筋顺长度方向全长净尺寸允许偏差为±10mm，弯起钢筋的弯折位置允许偏差为±20mm。

2）钢筋构造

（1）钢筋的砼保护层厚度应符合规范要求。

（2）钢筋锚固。

①纵向受拉钢筋的最小锚固长度 LaE 见下表。

钢筋类型	混凝土强度等级				最小锚固长度
	C15	C20	C25	≥C30	
Ⅰ级钢筋	40d	30d	25d	20d	≥250mm
Ⅱ级钢筋	50d	40d	35d	30d	

当Ⅱ级钢筋直径 $d>25$mm 时，锚固长度按表中数值增加 $5d$

②受压钢筋最小锚固长度为0.7LaE。

（3）钢筋接头。

①柱钢筋接头采用闪光对焊或埋弧焊，梁、板钢筋搭接长度为1.4LaE。现浇楼板板底受力钢筋应伸过梁中心线，且进入支座长度不小于160mm；板面筋在跨中三分之一范围内搭接，在同一搭接截面不得超过受力钢筋的50%，两搭接截面相互错开45d或500mm以上。

②钢筋的连接接头：梁钢筋 $\phi16$ 及其以上全部采用电焊连接，$\phi16$ 以下采用直绑扎连接，板钢筋采用搭接。

③受力钢筋绑扎接头。受拉钢筋绑扎接头的搭接长度见下表。

钢筋类型	混凝土强度等级				最小长度
	C15	C20	C25	≥C30	
Ⅰ级钢筋	48d	36d	30d	25d	300mm
Ⅱ级钢筋	60d	48d	42d	36d	

受压钢筋的搭接长度应取受拉钢筋绑扎接头搭接长度的 0.7 倍。

搭接长度范围内，当搭接长度为受拉时，其箍筋间距小于等于 5d 或 100mm；当搭接钢筋为受压时，其箍筋间距≤10d 或 200mm。

④受力钢筋接头位置应相互错开。接头区段内受力钢筋接头面积的允许百分率见下表。

接头形式	接头区段范围	受拉区	受压区
绑扎骨架和绑扎网中钢筋的搭接接头	35d	25%	50%
焊接骨架和焊接网的搭接长度	35d 且≥500mm	50%	50%
受力钢筋的焊接接头	35d 且≥500mm	50%	不限制

⑤框架柱纵向钢筋相邻接头间距，焊接不得小于 500mm，接头最低点距柱端不宜小于截面长边尺寸且宜在楼板以上 750mm 处。

3）钢筋工程的验收

钢筋成型后、合模前，需进行隐蔽验收。钢筋工程的验收分内业和现场两部分，内业资料包括钢材出厂合格证、化学成分分析、原材送检报告、焊接试验报告、自检记录等。现场情况需符合国家有关的验收规范，自检合格后提前一天通知监理公司，然后由监理公司通知有关部门参加验收，验收合格后方可进行下一道工序的施工。

3.2.4 混凝土工程

混凝土工程是结构工程最关键的一道工序，其质量的好坏直接影响到建筑物的整体质量。

本工程结构全部采用商品砼。施工时必须按配合比，经常检查坍落度，严格控制搅拌时间和路途运输时间，杜绝现场加水稀释。每班设专人值班，工号长、工号质检员、技术员对砼的工程质量直接负责，并与其经济利益挂钩，确保砼工程施工质量。

1）泵管布置及砼运输泵的选择

合理布设泵管，是保证混凝土泵送施工得以顺利进行的条件。根据路线短、弯头少的布管原则，同时需要满足水平管与垂直管长度之比不小于 1:4，上水平管长度不小于 30m 的要求。为防止在使用过程中泵管振动，室外水平泵管用脚手架钢管和扣件予以固定。竖向泵管沿外墙板而上，在外墙板施工时预埋铁件，竖向泵管用抱箍夹紧，再与预埋件焊接牢固。竖向管底部弯头处受力最大，必须用钢架重点加强。

2）砼泵送技术

砼泵的操作是一项专业技术工作。安全使用及操作应严格执行使用说明书和其他有关规定，同时应根据使用说明书制定专门操作要点。操作人员必须经过专门培训合格后，方可上岗独立操作。

在安置砼泵时，应根据要求将其支腿完全伸出，并插好安全销，以防砼泵的移动或倾翻。

砼泵与输送管连通后，应按所有砼泵使用说明书的规定进行全面检查，符合要求会方能开机进行空运转。砼泵启动后，应先泵送适量的水，以湿润砼泵的料斗、活塞及输送管的内壁等直接与砼接触的部位。经泵送水检查，确认砼泵和输送管中没有异物后，可以采用与将要泵送的混凝土内除精骨料外的其他成分相同配合比的水泥砂浆。也可以采用纯水泥浆或1∶2水泥浆。润滑用的水泥浆和水泥砂浆应分散布料，不得集中浇筑在同一处。

开始泵送时，砼泵应处于慢速，匀速并随时可能反映泵的状态。泵送的速度应先慢后快，逐步加速。同时，应观察砼泵的压力和各系统的工作情况，待各系统运转顺利后，再按正常速度进行泵送。

泵送混凝土时，砼泵的活塞应尽可能保持在最大行程运转，一是提高砼泵的输出效率，二是有利于机械的保护。砼泵的水箱或活塞清洗室中应保持充满水。泵送时，如输送管内吸入了空气，应立即进行泵吸出砼，将其至料斗中重新搅拌，排出空气后再泵送。

在砼泵送过程中，若需要有计划中断泵送时，应预先考虑确定的中断浇筑部位，停止泵送；并且中断时间不要超过1h。

砼每次砼施工完成，一定要对各机械进行清理检查、保养、维修，特别是输送管路要及时清理，以免在二次泵送时发生堵管。

3）泵管堵塞及暴管预防措施

（1）在浇捣混凝土过程中，要加强监测。

（2）在使用前，必须将混凝土拌制速度与浇捣速度协调好，使搅拌车辆与泵送速度相适应，避免产生窝工现象。

（3）在气温30℃以上时，要对泵管进行浸水等袋覆盖降温。

4）砼工程的施工准备

（1）做到班前交底明确施工方案，落实浇筑方案，使施工人员对浇筑的起点及浇筑的进展方向应做到心中有数。

（2）为了确保浇筑连续进行，对每次浇灌砼的用量计算准确，应对所有机具进行检查和试运转，并准备好一旦出现故障的应急措施，保证人力、机械、材料均能满足浇筑速度的要求。

（3）注意天气预报，不宜在雨天浇灌混凝土。在天气多变季节施工，为防止不测，应有足够的抽水设备和防雨物资。

（4）对模板及其支架进行检查。应确保尺寸正确，强度、刚度、稳定性及严密性均满足要求。对模板内的杂物应进行清除，在浇筑前，应对木模板浇水，以免木模板吸收混凝土中的水分。

（5）对钢筋及预埋铁件进行检验。应请工程人员共同检查钢筋的级别、直径、位置、排列方式及保护层厚度是否符合设计要求，并认真做好隐蔽工程记录。

5）混凝土浇捣

楼面梁板混凝土施工振捣时，避免触动钢筋及埋件，并不断用移动标志，以控制混凝土板厚度。振捣完毕采用二次抹面减少混凝土收缩裂缝。

在混凝土浇捣时，柱砼应分皮振捣，高度不超过 400～500mm。在振捣上皮混凝土时，振动棒应伸入下皮混凝土 50mm，使上、下皮混凝土紧密结合。振动棒应快插慢拨，插点均匀，并控制在下皮混凝土初凝之前。混凝土浇筑使用插入式振动器应快插慢拨，插点要均匀排列逐点移动，按顺序进行，不得遗漏，做到均匀振实。移动间距不大于振动器作用半径 1.5 倍（一般为 300～400mm）。

柱子和剪力墙浇灌砼时，应在柱头和墙上搭设下料平台。砼先放在平台上，接顺后再由人工用铁锹铲砼入模，并做到分层下灰，分层振捣。砼浇灌前，柱和墙根部先浇灌 30～50cm一层同等级水泥砂浆。

梁板浇灌应连续进行，并在前层砼凝固之前将后层砼浇灌完毕。对每层的卫生间和屋面砼浇灌更要高度重视，确保砼的密实度及无施工缝出现，确保砼质量，严防漏水。

施工缝的位置应预先确定，留设在结构剪力较小且便于施工的部位，同时应征得技术负责及监理单位的同意。对施工缝的处理时间不能过早，以免使已凝固的砼受到振动而破坏，砼强度不小于 1.2MPa 时方可进行，处理方法如下：

（1）清除表层的水泥薄膜和松动石子或软弱砼层，然后用水冲洗干净，并保持充分湿润，但不能残存有积水。

（2）在浇筑前，在施工缝先铺一层水泥浆或者与砼成分相同的水泥砂浆。

（3）施工缝处的砼应细致捣实，使新旧砼结合紧密。

6）砼浇灌审批手续

在钢筋隐蔽验收完毕后，应立即对存在的问题进行整改，由现场各专业技术负责人提供各类材质合格证、检验报告及隐蔽验收记录，经检查符合要求后进行砼浇捣。

7）混凝土质量保证措施及注意事项

（1）严格执行混凝土浇捣令制度，浇捣前要进行书面技术交底。

（2）振捣柱、墙高度过大时，应用串筒溜槽下料，避免离析，混凝土浇筑必须严格分层作业，严格控制振实时间。对于钢筋密集或困难部位，尽可能避免交接班或在此停歇，采取有效措施，确保混凝土的质量。

（3）混凝土浇捣完成后，由专人负责混凝土养护，混凝土在浇注 12h 后即行浇水养护。对柱墙竖向混凝土结构，拆模后用麻袋进行外包浇水养护，对梁、板等水平结构的混凝土进行覆塑料薄膜养护，同时在梁板底面用喷管向上喷水养护。施工员、质量员负责检查、监督。

（4）浇混凝土操作前，必须对模板作一次全面检查，模板内杂物和建筑垃圾必须清理干净，模板缝隙超过 2mm 的应堵塞，模板及老混凝土必须浇水湿润，施工缝处必须套浆操作。

（5）墙板、柱子新老混凝土交接处，将老混凝土浇水湿润，铺 50mm 厚的与混凝土同配合比的水泥砂浆，然后分层浇筑，每层浇筑高度控制在 500mm 以内，在混凝土浇捣过程中不得留施工缝，当遇到特殊情况必须留设施工缝时，施工缝按设计和规范要求留设。

（6）楼梯段混凝土自下而上浇筑，先浇实底板混凝土，达到踏步位置与踏步混凝土一起浇筑，不断连续向上推进，并随时用木抹子抹平踏步面，楼梯施工缝根据情况留设在楼梯 1/3 处或休息平台以上（以下）3 步处，施工缝应垂直梯板设置。每次混凝土浇筑前，施工缝的处理同柱子新老混凝土处理。

（7）浇筑混凝土时，派钢筋工和木工观察钢筋和模板，预留孔洞、预埋件、插筋等有无位移变形或堵塞情况，发现后应立即停止浇筑，并应在已浇筑的混凝土初凝前修整完毕。

（8）混凝土浇筑完成后，应在 12h 以内加以覆盖，并浇水养护，夏天加盖湿草包或塑料薄膜养护，养护时间不得少于 7d，对掺有缓凝剂和抗渗要求的结构，不得少于 14d。冬季做好防冻保暖工作，以避免混凝土在初凝时受冻而使结构存在隐患。

8）安全措施

施工现场安全设施及施工人员的安全技术培训应遵照国家颁发《建筑安装工程技术规程》规定。根据泵送工艺的特点，还应注意如下几点：

（1）泵送过程中必须经常检查管线的支承固定是否牢固，并及时更换已磨损的高压管，一般输送 $0.4 \times 10^4 \mathrm{m}^3$ 混凝土的管应换新管。

（2）泵送方案采用垂直管自流空清管时应在垂直管与水平管交接处增设闸阀。

（3）为防止泵送的突然中断而产生的混凝土反向冲击，宜在水平线管线近泵机位置增设逆境止阀。

（4）水平泵送的管道敷设线路应接近直线，少弯曲，管道与管道支撑必须紧固可靠，管道接头处应密封可靠，"Y"形管道应装接触锥形管。

3.2.5 砖砌体工程

1）技术要求

（1）砌筑材料应按规定的质量标准及出厂合格证进行验收，同时现场取样送检，合格后方可使用。砌筑前，应按照设计要求，做好砂浆配合比，施工中严格按配合比集中拌制砂浆，并做砂浆试块强度试验。

（2）砌体的转角、丁字接头处应同时砌筑，并使纵横墙咬合，若咬茬砌筑时有困难，应在交接处灰缝内砌入 $\phi 6$ 拉结钢筋，钢筋垂直间距不大于 500mm，每边伸入墙内 700mm，钢筋两端弯勾。砌体的端部（无砼墙柱时）必须加设构造柱和拉结钢筋。砌体墙的阴角和阳角，以及沿砌体墙每隔约 4000mm 设置构造柱，构造柱截面尺寸为墙厚×240mm，纵筋 $4\phi 12$，箍筋 $\phi 6@200$，在上、下楼层梁相应位置各预期留 $4\phi 12$ 与构造柱纵筋连接，构造柱与砖墙交接处，应设墙体拉筋，如下图所示。施工时应先砌墙后浇构造柱。

（3）在框架柱、剪力墙与填充墙连接处，应按建筑施工图中的位置，在结构施工时，

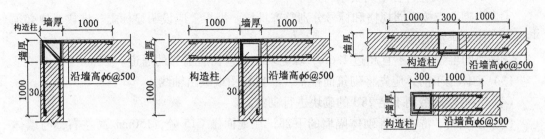

构造柱与墙体拉筋示意图

沿墙、柱高每隔 500mm 在墙、柱宽内预留 $2\phi6$ "U" 形拉结钢筋，拉结钢筋锚入砼内 200mm，伸出墙柱外皮 300mm。隔墙内每 500mm 高沿墙全长设置 $2\phi6$ 钢筋，两端与墙、柱预留拉结筋焊接。

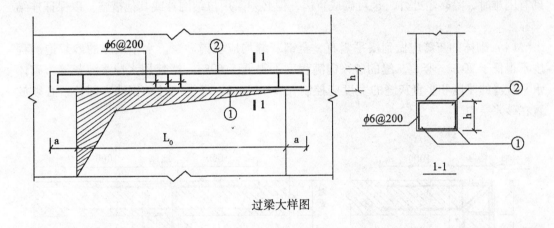

过梁大样图

（4）后砌隔墙当墙≥4m 时，在墙高度中部（门窗洞顶）设置与柱子连接的通长钢筋砼圈梁。截面尺寸：墙厚×150mm，纵筋上下各 $2\phi10$，箍筋 $\phi6@200$。柱（砼墙）施工时预埋 $4\phi12$ 与圈梁筋焊接。圈梁遇过梁时，分别按截面、配筋较大者设置。

（5）砌块墙体上的门过梁，采用 C20 混凝土，过梁长度为洞口宽度+$2a$。洞顶离梁底距离小于砼过梁高度时，过梁与梁整浇；当洞口侧边离柱（墙）边小于 a，柱（砼墙）施工时在过梁纵筋相应位置预埋连接钢筋。

（6）每层砌至板底或梁底附近时，应待砌块沉实后再往上砌至梁、板底部，用斜面砖与梁、板顶紧，逐块敲紧砌实。如果不砌至楼板或梁底，则需设压顶。

（7）后砌墙与现浇板的拉结：施工现浇板时，若板底有隔墙，则需预留 $\phi6@1500$ 锚拉钢筋。

（8）当隔墙拐角处未设柱时，应设置墙体加强筋。

2）砌筑工程的施工准备

（1）装卸砌块时，应堆放整齐，严禁倾卸丢掷。

（2）砌块堆放应符合下列要求：

①现场砌块应按不同规格和标号分别整齐堆放。堆垛上应设明显标志。堆放场地必须平整，并应有排水措施。

②砌块的堆置高度不宜超过1.6m，垛与垛之间应留有适当的通道。

（3）砌体施工前，应先将砌筑面抄平，然后按图纸放出轴线。

（4）不得使用龄期不足28d的砌块进行砌筑。

（5）卫生间、洗衣间等砌体隔墙的下部，在地面做C15砼，150mm高左右，与墙体同厚度。

3）施工要点

（1）应尽量采用规格砌块。砌筑时，应清除砌块表面污物和砌块孔洞的底部毛边。砌块应底面朝上砌筑。

（2）从转角定位处开始砌筑，内外墙同时砌筑，纵横墙交错搭接。

（3）墙体的临时间断处应砌成斜槎，斜槎长度不应小于高度的三分之二。如留斜槎确有困难时，除转角处外，也可砌成直槎，但必须采用拉结网片或其他措施，以保证连结牢靠。

（4）砌体的灰缝应做到横平竖直，全部灰缝均应填铺砂浆。水平灰缝的砂浆饱满程度不得低于90%，竖直灰缝的砂浆饱满程度不得低于60%。严禁用水冲浆灌灰缝。砌体水平灰缝的厚度和竖直灰缝的宽度应控制在8~12mm。埋设的拉结钢筋和网片，必须放置在砂浆层中。

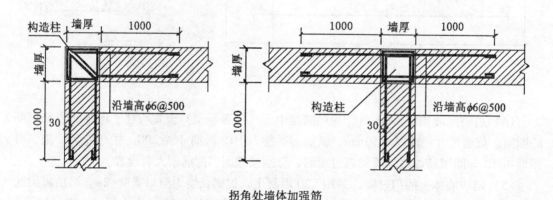

拐角处墙体加强筋

（5）砌筑灰浆为M5水泥砂浆，砂浆的分层度一般应小于2cm，稠度一般控制在5~7cm为宜，当气候异常时，可适当地加入减水剂、塑化剂等。

（6）在每一楼层，对每种强度等级的砂浆和混凝土，至少制作一组试块（每组三块）。如砂浆和混凝土的强度等级或配合比变更时，也应制作试块以便检查。

（7）对设计规定的各种洞、沟槽和预埋件等，应在砌筑时预留或预埋，不得在砌好的墙体上打凿。

（8）对墙体表面的平整度和垂直度，应随时检查灰缝的均匀程度及砂浆饱满度等，并校正所发现的偏差。在砌完每楼层后，应校核墙体的轴线尺寸和标高。在允许范围内的轴线尺寸以及标高的偏差，可在楼板面上予以校正。

（9）砌筑高度每天不宜大于1.8m。

（10）较大型设备房间需预留设备进出口，经设备安装就位完成后，再砌筑或封板。

3.3　屋面防水施工方案

3.3.1　设计概况

屋面防水做法有以下两种做法：

（1）坡屋面（自上而下）：灰黑色亚光釉面S瓦；30厚1∶3灰砂座浆；40厚C20细石混凝土加钢丝网片φ4@200双向；0.9厚JS防水层；20厚1∶2水泥砂浆找平层；现浇坡屋面板，板底为乳白色进口外墙涂料。

（2）阳台屋面（自上而下）：10厚400×400灰白色高级玻化砖；5厚水泥砂浆粘贴；20厚1∶2防水砂浆分层赶平；40厚C30细石混凝土加钢丝网片φ4@200双向；20厚1∶2水泥砂浆找平；0.9厚JS防水层；20厚1∶3水泥砂浆找平；增水性水泥膨胀珍珠岩预制块垫坡2%；20厚1∶3水泥砂浆找平；钢筋混凝土现浇板。

3.3.2　施工方案

根据防水施工的施工工艺，重点必须抓好以下几个方面的施工方法：

1）结构层处理

（1）先对屋面砼结构层进行养水试验，如发现渗漏，找出渗漏处，对结构用膨胀砼进行修补，直至不渗漏，确保砼屋面的自防水。

（2）在基层施工前，将结构层表面黏附物、垃圾、积水清理干净，并要求干燥。

2）找平层施工

（1）清理基层，弹线分格。

（2）按排水坡度，做好标记，水泥砂浆找平层必须分块进行分格，缝隙应用小木条嵌续，同一块内一次成活，找平层在转角和高出屋面管道处做成圆角。找平层用直尺刮平，木抹打磨平整，在终凝前，取出分格木条。

（3）基层施工完成后，进行喷水养护，保证找平质量。

3）JS聚合物水泥基防水涂料的施工

与地下室防水施工中的JS聚合物水泥基防水涂料施工相同，但需注意：

（1）屋面防水浆料，粉料与乳液之质量配比为1∶1.5。

（2）下雨前4~6h内不能进行室外施工，施工后4~6h内涂层不能淋雨，所以在屋面施工阶段要严密注意天气情况。

（3）涂层要干燥7d后才能做保护层。新抹水泥砂浆要固化7d后才能进行防水施工。

（4）迎水面施工基面上有接缝时，可预先用5~10cm宽的塑料薄膜或旧报纸等空铺在裂缝或接缝上，然后在其上面刷涂04型浆料4~6遍，浆料的刷涂面积要超过空铺塑料薄膜或旧报纸的周边5cm以上。

（5）工具用完后要在浆料干固前及时清洗，并浸泡在水中。

（6）乳液不能在5℃以下储存，也不宜在夏天的烈日下暴晒。

4）刚性防水层施工

（1）刚性防水层施工按公司有关施工技术标准执行，刚性防水层的质量预控主要在于钢筋网的位置及细石砼的浇注质量。钢筋网位置必须保证其离上顶面 1～1.5cm 处，间距正确，两端做弯钩。细石砼严格掌握配合比，控制用水量，厚度为 40mm，铺平后用滚筒碾压密实，出浆抹平，收水后压实收光。伸缩缝位置与通气沟对齐。

（2）浇筑细石混凝土：细石混凝土面层的强度等级应按设计要求做试配。搅拌要均匀，坍落度不宜大于 30mm，同时按规定制作混凝土试块。将搅拌好的混凝土铺抹到基层上（注意钢筋网片不要随浇随拉，要保证一定高度），紧接着用 2m 长铝合金直尺顺着标筋刮平，然后用滚筒往返、纵横滚压，如有凹处，可用同配合比混凝土填平，直到面层出现泌水现象，均匀地撒一层干拌水泥浆（1∶1）拌和料，用铝合金刮平。当面层灰面吸水后，用木抹子用力搓打、抹平，将干水泥拌和料与细石混凝土的浆混合，使面层达到结合紧密。

5）玻化砖面层施工

玻化砖的施工见装饰工程方案中相关章节。

6）屋面防水节点图（略）

3.4　垂直运输施工方案

3.4.1　塔吊施工方案

本工程拟用 QTZ60 塔吊一台，具体布置详见施工平面布置图（略）。

1）塔吊搭拆方案

（1）塔机安拆资源配置。

①配置 25T 汽吊 1 台以及各类吊具、吊索。

②人员配置：指挥员 1 名，塔机司机 2 名，电工 1 名，安装工人数名。

（2）塔机的安拆步骤。

①组装：

a. 把第一节标准节吊装在中间四根锚柱上，标准节有踏步的一面在东面，并与建筑物垂直。

b. 将第二节标准节装在第一节标准节上，注意踏步应上下对准。

c. 组装套架，套架上有油缸的面应对准标准节上有踏步的面，并使套架上的爬爪搁在基础节最下面的一个踏步上。

d. 组装上、下支座及四转机构，四转支承、平台等成为一体，然后整体安装在套架上，并连结牢固。

e. 安装塔帽，用销轴与上支座连接，注意塔帽的倾斜面应与吊臂在同一侧。

f. 吊装平衡臂，用销轴与上支座连接，另一块 2t 的配重设于从平衡臂尾部往前数的第三个位置上。

g. 吊装司机室，接通电源。

h. 在地面拼装起重臂、小车、吊篮、吊臂拉杆连接应面固定在吊臂上该杆的支架上。

i. 用汽吊把吊臂整体平稳地吊起就位，用销轴和上支座连接。

j. 穿绕起升钢丝绳，安装短拉杆和长拉杆与塔帽连接，松弛起升机构钢丝绳，把起重臂缓慢放平，使拉杆处于张紧状态，并松脱滑轮组上的起重钢丝绳。

k. 安装平衡配重，位置从尾部起按下列位置排放。

l. 张紧变幅水平钢丝绳。

②标准节加装（升塔）。塔机采用液压顶升机构升塔，其操作步骤如下：

将起重臂转到引入塔身标准节的方向，即引进横梁的正方向。

调整好爬升架等轮与塔身立柱之间的间隙，以 3～5mm 为宜。当标准节放在安装上、下支座下部的引进小车后，用吊钩再吊一个标准节上升到高处，移动小车的吊钩（小车约在距四转中心 10m 处）。具体位置可根据平衡状况确定，以便塔机套架以上部分的重心落在顶升油缸上铰点的位置。然后卸下下支座以及标准节相连的高强度连接螺栓。

将塔机套架预升，使用全塔身上方恰好出现一个能装一标准节的空间。

拉动引进小车，把标准节引列塔身的正上方，对准连接螺栓孔，缩回油缸，使之与下部标准节压紧，并且螺栓连接起来。

以上为一次顶升加节过强，当需连接加节时，可重复上述过程，但在安装完 3 个标准节后，必须安装下部属根加强斜撑，并调整便 4 根撑杆均匀受力，方可继续升塔和吊装。

在加节过程中，严禁起重臂回转，塔机下支座与标准节之间的螺栓应连接，但可不拧紧，有异常情况应立即停止顶升。

③调试。待升场完毕后，调试好塔机小车限位、吊钩高度限位、力矩限位、起重限位、回转限位，保证各限位灵敏、可靠，具体由电工负责调试。

④接地装置及要求。塔机的接地装置应按有关设置要求设置，其重复接地电阻应不大于 4Ω。

（3）塔机的操作维护。

①塔机操作人员必须持证上岗，熟悉机械的保养和安全操作规程，无关人员未经许可，不得攀登塔机。

②塔机的正常工作气温为−20～40℃，风速低于 13m/s。

③塔机每次转场安装使用都必须进行空载、静载实验以及动载实验，静载实验吊重为额定荷载的 125%，动载实验吊重为额定荷载的 110%。

④夜间工作时，除塔机车身自有的照明外，施工现场应备有充足的照明设备。

⑤塔吊司机的操作按塔机操作规程执行。处理电气故障时，必须有维修人员两人以上。

⑥塔机应当经常检查、维修、保养，传动部件应有足够的润滑油。对易损件应经常检查、维修或更换。对连接螺栓，特别是经常振动的零件，应检查是否松动，如有松动，则必须及时拧紧。

⑦检查和调整制动瓦和制动轮的间隙，保证制动灵敏可靠。其间隙在 0.5～1mm，摩擦面上不应有油污等污物。

⑧钢丝绳的维护和保养应严格按 GB5144—95 的规定执行。发现有超过有关规定的，必须立即换新的。

⑨塔机的各结构、焊缝及有关构件是否有损坏、变形、松动、锈蚀、裂缝，如有问题，应及时修复。

⑩各电器线路也应定时检查是否老化，对故障、损伤等情况应及时修复和保养。

（4）塔机沉降、垂直度测定及偏差校正。

①塔机基础沉降观测应定期进行，一般为半月一次。垂直度的测定当塔机在独立高度的同时应半月一次。当安装附墙后应每月一次（安装附墙时要观测垂直度状况，以便于附墙调节）。

②当塔机出现沉降不均，垂直度偏差超过塔高的1/1000时，应对塔机身进行偏差校正。附墙升高之前，在最低节与塔机基脚螺栓之间加垫钢片校正。较正过程中用高吨位千斤顶顶起塔身。为保证安全，塔身用大缆绳四面缆紧，不能将其脚螺栓拆下来，只能松动螺栓的螺母。具体长度根据加垫钢片的厚度确定。当有多道附墙架设后，塔机的垂直度校正，在保证安全的前提下，可以通过调节附墙拉杆的长度来实现。

（5）塔机的拆卸。塔机的拆卸方法与安装方法基本相同，只是工作程序与安装时相反，即后装的先拆，先装的后拆，具体步骤如下：

①调整爬升架导轮与塔身立体的间隙为3～5mm为宜。吊一节标准节移动小车位置至大约离塔机中心10m处，使塔吊的重心基在预升油缸上的铰点位置，然后卸下支座与塔身连接的8个高强度螺栓。

②将活杆全部伸出。当顶升横梁挂在塔身的下一级踏步上，卸下塔身与塔身的连接螺栓。稍升活塞杆，使上、下支座与塔身脱离。推出标准节至引进横梁外端，接着缩回全部活塞杆，使爬爪搁在塔身的踏步上，缩回全部活塞杆。使上、下支座与塔身连接，并插上螺栓。

以上为一次超塔身下降过程，连接降塔时，重复以上过程。

③拆除时，必须按先降后拆附墙的原则进行拆除。

④当塔机降至地面（基本高度）时，用汽车吊辅助拆除，具体步骤如下：

配重吊离（留一块配重，即平衡臂从尾部数起的第二个位置）平衡臂→拆除起重臂（整体）至地面→吊离最后一块配重→拆除平衡臂→塔帽拆除→上、下支座拆除（包括拆除电池和司机室）→爬升套、斜撑杆拆除→最后拆除第一节标准节

（6）附墙装置的拆除原则。当塔机高度超过独立高度时，就要加装附墙装置进行附着，附着技术要求参照另附图要求。

①在升塔前，要严格执行先装后升的原则，即先安半附墙装置，再进行升塔作业。当自由高度超过规定高度时，先加装附墙装置，然后才能升塔。

②在降塔拆除时，也必须严格遵守先降后拆的原则，即当爬升套降到附墙不能再拆塔身时，才能拆除附墙。严禁先拆附墙后再降塔。

（7）安全措施。

①上岗前，对上岗人员进行安全教育，戴好安全帽，严禁酒后操作。

②塔机安拆时，风速超过13m/g和雨雪天，应严禁操作。

③操作人员应佩戴必要的安全装置，保证安全生产。

④服从统一指挥，禁止高空抛物。

⑤注意周围环境，如高压线，地面承载能力等，确保拆装安全。

⑥安装拆卸塔机派专门人员警戒，严禁无关人员在作业区内穿行。

⑦拆装塔机的整个过程，必须严格按操作规程和施工方案进行，严禁违规操作。

2）塔吊基础及承台的计算

根据塔吊安装单位提供的图纸，QTZ60 塔吊混凝土基础边长为 5m×5m，厚度为 1.3m，要求地基承载力为 0.2MPa（本工程地基承载力达到 0.5MPa，可满足要求）。塔吊基础可直接放置在基础上，下面对承台进行复核计算。

（1）承台受弯计算。

①截面尺寸：承台宽度为 5m，厚度为 1.3m，h_0 取值 1.2m。

②弯矩设计值：见弯矩图。

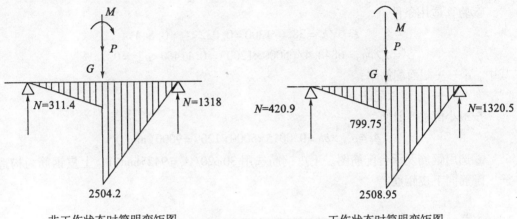

非工作状态时简明弯矩图   工作状态时简明弯矩图

③钢筋、混凝土强度设计值：查表得：

Ⅱ级钢筋：$f_y = 310 \text{N/mm}^2$；

C20 混凝土：$f_{cm} = 11 \text{N/mm}^2$。

④下层配筋计算，见下图。

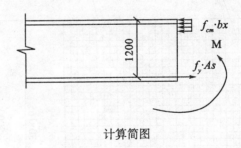

计算简图

$$M = f_{cm}bx \ (h_0 - x/2)$$

$$
\begin{aligned}
x &= h_0 \left[1 - (1 - 2M/f_{cm}bh_0^2)^{0.5} \right] \\
&= 1200 \times \{1 - [1 - 2 \times 2508950000/ \ (11 \times 5000 \times 1200 \times 1200)]^{0.5}\} \\
&= 38.6
\end{aligned}
$$

其中：M——下皮钢筋所受弯矩，取 2508.95kN·m；

f_{cm}——混凝土的抗压强度设计值，C20 为 11N/mm²；

b——混凝土承台宽度；

x——混凝土受压区高度；

h_0——承台截面的有效高度。

$$f_y A_s = f_{cm} b x$$
$$A_s = f_{cm} b x / f_y = 11 \times 5000 \times 38.6 / 310 = 6848.4 (\text{mm}^2)$$

其中，f_y——钢筋的抗拉强度，Ⅱ级钢筋为310；

As——钢筋截面积。

⑤验算适用条件：

$$\xi = x / h_0 = 38.6 / 1200 = 0.032 < \xi_b = 0.544$$
$$\rho' = A_s' / b h_0 = 6848.4 / (5000 \times 1200) = 0.114\% < \rho_{min} = 0.15\%$$

其中，ρ'——截面配筋率；

As'——截面总配筋。

按最小配筋率计算：

$$As = \rho_{min} \times bh = 0.0015 \times 5000 \times 1200 = 9000 (\text{mm}^2)$$

⑥选用钢筋及承台配筋图。下皮钢筋选用 $30\phi20 (A_s = 9425\text{mm}^2)$，上皮钢筋为构造钢筋，配筋同下皮钢筋。

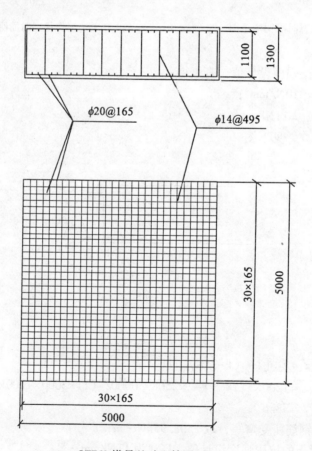

QTZ60 塔吊基础配筋图(mm)

（2）承台受剪计算。

$$\gamma_0 V \leq \beta f_c b_0 h_0$$

式中：V——斜截面的最大剪力设计值；

　　　f_c——混凝土轴心抗压强度设计值，取 $f_c = 11 \text{N/mm}^2$；

　　　b_0——承台计算截面处的计算宽度，取 $b_0 = 5000 \text{mm}$；

　　　h_0——承台的有效高度，取 $h_0 = 1200$；

　　　β——剪切系数，取 $\beta = 0.12/(\lambda + 0.3)$；

　　　λ——截面的剪跨比，取 $\lambda = a/h_0 = 640/1200 = 0.53$；

则 $\beta = 0.12/(\lambda + 0.3) = 0.12/0.83 = 0.145$。

$\gamma_0 V \leq \beta f_c b_0 h_0$，则

$$\beta f_c b_0 h_0 = 0.145 \times 10 \times 5000 \times 1200 = 8700000 (\text{N}) = 8700 (\text{kN})$$

$$\gamma_0 V = 660300 \text{N} = 660.3 < 8700 (\text{kN})$$

剪力符合强度设计要求。

（3）承台局部受压计算（对塔脚局部受压进行验算）。

$$\gamma_0 F_1 \leq 0.95 \beta f_c A_1$$

$$\beta = (A_b/A_1)^{0.5}$$

式中：F_1——局部荷载设计值；

　　　β——局部受压时的强度提高系数；

　　　A_1——混凝土局部受压面积；

　　　A_b——局部受压时的计算面积。

$$\beta = (A_b/A_1)^{0.5} = [(500 \times 3)^2/500^2]^{0.5} = 3$$

$$\gamma_0 F_1/0.95 \beta A_1 = 1.0 \times 1.4 \times (547.4/2)/(0.95 \times 3 \times 0.5 \times 0.5)$$

$$= 537.8 (\text{kN/m}^2) = 0.537 (\text{N/mm}^2) < 11 (\text{N/mm}^2)$$

由计算可得，混凝土局部受压区安全。

（4）塔吊基础详图及塔吊基础荷载情况表。

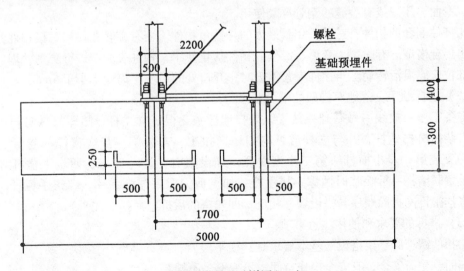

QTZ60 塔吊基础详图（mm）

塔吊基础荷载情况表

塔吊型号		受力参数		
		垂直力 P_1(kN)	水平力 P_2(kN)	倾覆力矩 M(kN·m)
QTZ60	工作状态	547.4	39	1709.2
	非工作状态	467.4	68	1915

注：以上参数均按塔吊出厂说明书中提供的技术参数汇总。

3.4.2 脚手架搭拆施工方案

1）概况

本工程考虑采用双排单杆落地式钢管外架搭设方案。外脚手架施工过程要特别注意安全，外脚手架必须用立网封闭严密，并在使用过程有专人负责检查，确保安全，做到万无一失。

2）外架搭设方案

本工程考虑在采用落地式脚手架。考虑搭设 11 步架子，步高 1.8m，立杆纵距 $L=1.5$m，排距 $B=1$m，与建筑物的距离 $b=0.2$m。考虑铺设脚手片 6 层，作业层 2 层。

钢管双排外架，步高 1.8m，全部采用单立杆，立杆纵距 1.5m，横距 1m。立杆基础：在回填土部位采用填土分层夯实，面层做 20cm 厚 C15 砼，内配 $\phi8@200$ 双向钢筋网片。基础宽 1.4m，并做好排水沟。外架与建筑物的拉结利用混凝土墙板的螺杆，竖向以楼层高为距，每层拉结，横向控制在 3.0m。外架里立杆与建筑物间距 20cm。整个落地外架满铺六层脚手片，允许最多有两层同时作业。扫地杆、剪刀撑、踢脚杆、扶手栏杆按规定设置。外架采用全封闭施工，选用绿色安全型密目网，钢管漆黄色油漆。

（1）材质：外架采用扣件式钢管架子，杆件采用外径 48mm，壁厚 3.5mm 的焊接钢管用于立杆、大横杆和斜杆的钢管长度以 4~6.5m 为宜，这样长度一段重 250N 以内，适合工人操作。用于小横杆的钢管长度以 2.1~2.3m 为宜，以适应脚手架的宽度。有严重锈蚀、弯曲、压扁或有裂缝的钢管严禁使用。

与杆件配套的扣件有三种，用量最大的是直角扣件，还有旋转扣件和对接扣件，扣件要有出厂合格证。有脆裂、变形、滑丝的扣件禁止使用，扣件表面应进行防锈处理。扣件活动部位应能灵活转动。当扣件夹紧钢管时，开口处的最小距离应不小于 5mm。

（2）搭拆顺序。落地双排架的搭设顺序为：

准备工作→放线→做基础→放置纵向扫地杆→逐根竖立立杆，随即与纵向扫地杆扣牢→安装横向扫地杆，并与立杆或纵向扫地杆扣牢→安装第一步大横杆（与各立杆扣牢）→安装第一步小横杆→第二步大横杆→加设临时抛撑→第三、四步大横杆和小横杆→设置联墙杆→拆除临时抛撑→接立杆→加设剪刀撑→铺脚手片，绑扶手栏杆、踢脚杆→张挂密目网拆除顺序与搭设顺序相反，即先搭的后拆、后搭的先拆

（3）搭拆的要求和使用注意事项：

①扣件钢管脚手架搭设的基本要求是：横平竖直，整齐清晰，图形一致，平竖通顺，连接牢固，受荷安全，有安全操作空间，不变形，不摇晃。

②外架的小横杆，上、下步应交叉设置于立杆的不同侧面，使立杆受荷时偏心减小。

③立杆接杆、扶手接长应用对接扣件，不宜采用旋转扣件。大小横杆与立杆连接，扶手与立杆连接采用直角扣件。剪刀撑和斜杆与立杆和大横杆的连接应采用旋转扣件。

④在搭设脚手架时，每完成一步都要校正立柱的垂直度和大小横杆的标高和水平度，使脚手架的步距、横距、纵距上下始终保持一致。

⑤脚手架的接地用三根 $L50mm \times 50mm$ 的角钢，$L = 1500mm$，埋入地下，再用 $-40mm \times 4mm$ 扁钢引出与脚手架连接。

⑥操作人员必须严格按国家规定的操作规程施工。

⑦搭拆外架前，必须进行安全技术交底，做好书面记录，落实各项安全规章制度。

⑧搭拆过程中，严禁有任何东西往下掉，所有扣件必须拧紧，对有变形的杆件和不合格的杆件必须挑出，不能使用。

⑨严格按规定的构造尺寸进行搭设，控制好立杆的垂直偏差和杆的水平偏差，并确保节点联接达到要求。

⑩脚手片要铺满、铺平、铺稳，不得有探头板。

⑪搭拆过程中，要及时设置连墙杆、斜撑杆、剪刀撑及必要的绳缆，避免脚手架在搭设过程中发生偏斜和倾倒。

⑫脚手架搭设完毕后应进行检查验收，经检查合格后由公司质安部门签署验收单，并给脚手架挂牌后方可使用，验收应对接地电阻进行测试。

⑬严格控制使用荷载，使用均布荷载不得超过 $250kg/m^2$。

⑭严禁任意拆除脚手架部件和联墙拉接杆。

⑮六级以上大风、大雾、大雨和大雪天气应暂停在脚手架上作业，雨雪天后架上作业要有防滑措施。

⑯加强使用过程中的检查，发现问题应及时解决。

3）上部双排单立杆脚手架的计算（略）

3.4.3　井架搭拆方案（略）

3.5　装饰工程施工方案

3.5.1　装饰工程概况

本工程建筑面积达到 $18500m^2$，地下室面积 $8228m^2$。装饰工程主要做法为：

建筑物地面：（略）；

建筑物楼面：（略）；

内墙装饰：（略）；

顶棚装饰：（略）；

外装饰：（略）。

以下分节分别对地砖楼地面、细石混凝土楼地面、内墙顶棚粉刷与涂料、墙面瓷砖、外墙粉刷与涂料、轻钢龙骨吊顶、干挂石材等进行阐述。

3.5.2 内墙顶棚粉刷、涂料施工（略）

3.5.3 外墙粉刷、涂料施工（略）

3.5.4 干挂石材施工方案

1）施工工艺

（1）根据墙面石材的分格尺寸要求绘制立面分格图，施工时根据分格图在墙面上弹出分格线，并对饰面石料规格下料加工。

（2）每隔一段距离设一根竖向主龙骨，主龙骨由膨胀螺丝和连接铁件使其与基层墙面或框架梁相连接，主龙骨可以采用槽钢、方钢或角钢等。次龙骨的允许跨度应综合考虑主龙骨的材料规格、石材与基层之间的间隙，并通过力学计算确定。当基层为墙面时，可以不设主龙骨，而将次龙骨直接固定在墙面上。

（3）在每一块石材的横缝上口设一次龙骨，次龙骨与主龙骨之间采用电焊焊接，次龙骨的大小应根据石材规格的大小考虑其上承受的石材重量以及风载等，经计算确定。

（4）每一块石材的顶端与下端均开设 $\phi5$ 的小孔，石材与次龙骨之间采用连接铁及钢销相连接，连接铁与次龙骨的连接采用螺栓固结，该节点可以使连接件进行前后左右位置的微调，以便调整石材的垂直度与平整度，钢销一般采用 $\phi4$ 的镀锌钢筋或不锈钢，钢销与花岗岩钻孔之间隙可以用环氧树脂或502胶等填堵。

（5）缝隙处理：干挂式石材饰面的板材之间一般留有 8～12mm 的空隙，在整体墙面安装完毕以后，缝隙用打硅胶封堵严。硅胶的色彩可以根据石材的颜色选定。为使硅胶均匀美观，在打硅胶之前缝内先嵌一条轻质泡沫塑料条作硅胶的背衬。

2）质量控制要点

（1）板材的尺寸要根据结构实际尺寸进行分格排布，在下料之前，在饰面的基层墙面上（或框架梁柱上）弹出分格线，在分线分格闭合后，将分格绘制成板材分格排布图，然后根据排布图下料加工主次龙骨与饰面板材，这样才能确保整个饰面分格的协调美观。

（2）主龙骨与次龙骨及与基层之间的连接要牢固，采用多大的螺栓（或焊缝）要经过设计计算而定，施工时，要确保质量，并做好防锈处理，一般龙骨采用镀锌钢材或在钢材表面涂刷防锈漆，特别是焊接点的防锈处理尤为重要。

（3）为确保整个立面的平整度与垂直度，应在整个立面上下左右挂线拉线安装板材，每安完一块板，要仔细检查调整它的垂直度与平整度，在满足要求后才能安装上层板材。

（4）为防止底层板被碰撞破坏或移位，在最底层板与基层的空隙之间可灌300mm高的砂浆或细石砼。

（5）板材之间的板缝打胶是影响美观和防渗漏的关键，所以在打胶前要清除板缝内的灰尘，内衬条均匀，确保硅胶厚度10mm以上，打胶要连续均匀，平面凹进2mm左右，不得使胶打在缝外污染饰面板材的表面。

3.5.5 墙面瓷砖施工方案

1）施工工艺

基层抹灰→结合层抹灰→弹线分格→作贴面砖灰饼→贴面砖→勾缝。

2）施工要点

（1）按设计要求挑选规格、颜色一致的面砖，使用前应在清水中浸泡 2～3h 后（以面砖吸足水不冒泡为止），阴干备用。底子抹灰后一般养护 1~2d，方可进行镶贴。

（2）镶贴前，要找好规矩，用水平尺找平，校核方正，算好纵横皮数和镶贴块数，画出皮数，定出水平标准，进行预排。

（3）先用废面砖按粘贴结层厚度用混合砂浆贴灰饼，灰饼间距 1.5m 左右。在门口或阳角处的灰饼除正面外，排阳角的侧面也要挂直，即双面挂直。

（4）铺贴面砖时，先浇水湿润墙面，再根据已弹好的水平线，在最下面一皮砖的下口放好垫尺板，并注意地漏标高和位置，然后用水平尺检验，作为贴第一皮砖的依据，贴时一般由下往上逐层粘贴。

（5）铺贴面砖应逐块进行粘贴，一般从阳角开始，使不成整块的留在阴角，应先贴大面，后贴阴阳角、凹槽等难度较大的部位。

（6）贴到上口必须成一条线，每层砖缝须横平竖直。

（7）铺贴完毕后，用清水或布、棉丝清洗干净，用同色水泥浆擦缝。全部工程完成后，要根据不同污染情况，用棉丝、砂纸清理或用稀盐酸刷洗，并用清水紧跟冲刷。

3）注意事项

（1）根据设计要求，对面砖的类型、尺寸和颜色进行选择分类，并应进行试排，确保接缝均匀，符合图案要求。

（2）镶贴面砖时，其接缝应填嵌密实，防止接缝渗水。分段镶贴时，分段相接处应平整，缝隙一致。

（3）面砖铺贴完成后，应采取保护措施。

3.5.6　细石混凝土楼地面施工（略）

3.5.7　地面砖施工方案（略）

3.5.8　轻钢龙骨吊平顶施工

1）施工顺序

弹线→安装吊杆→安装龙骨及配件→安装铝板。

2）操作要点

（1）依据顶棚设计标高，沿墙面四周弹线，作为顶棚安装的标准线，其水平允许偏差±5mm。

（2）依据大样图确定吊点位置弹线，并复验吊点间距。

（3）吊杆一般可用钢筋制作，安装时，上端与预埋件焊牢，下端套丝并配好螺帽。

（4）安装大龙骨时，应将大龙骨用吊挂件连接在吊杆上，拧紧螺丝卡牢。主龙骨接长可用接插体连接。主龙骨安装完后应进行调平，并应考虑顶棚的起拱高度不小于房间短向跨度的1/200。

（5）次龙骨用中吊挂件固定在主龙骨下面，吊挂件上端搭在主龙骨上，U形通用钳子插入主龙骨内。次龙骨间距按板材尺寸而定，当间距大于800mm时，次龙骨间应增加小龙骨，小龙骨与次龙骨平行，与主龙骨垂直用小吊挂件固定。

（6）横撑龙骨可用次、小龙骨截取，对装在罩面板内部的龙骨或作为边龙骨时，宜和小龙骨截取。

安装时，横撑龙骨与次、小龙骨的底面平顺，以便安装铝板。

（7）铝板用镀锌的平齐自攻螺纹固定在次龙骨上，螺丝尾不可突露出板面，螺尾应用防锈漆点涂。板缝宜留置2mm左右的空隙，与砖墙粉刷墙面的交接处，其空隙还应加大至8mm左右，板缝嵌填弹性胶泥，再用薄涤棉布粘贴，以抵抗板面收缩引起的裂缝和变形。

板材要检查有无歪斜、翘曲、凸鼓、裂缝、掸角等缺陷，如有其中一种缺陷，就不能使用或截去一段后使用。

（8）穿孔铝板采用扣板型式，直接卡入"V"形龙骨。金属扣板平顶的次龙骨方向应与灯具方向保持一致，并注意与风口的衔接处理。

3）成品保护

（1）吊顶装饰板安装完毕后，不得随意剔凿，如果需要安装设备，应用电钻打眼，严禁开大洞。

（2）装饰板不得受水淋，并应注意防潮。

（3）装饰板板面附近不得进行电气焊，板面严禁撞击，防止损伤。

（4）吊顶内的水管、汽管在未钉罩面板之前应试水试压完毕，以防漏水污损吊顶。

（5）安装灯具和通风罩等，不得损坏和污染吊顶。

（6）不得将吊杆（筋）吊在吊顶内的通风、水管等管道上，以防损坏暗管。

（7）吊顶安装完后，后续工程作业时采取保护措施以防污染。

3.6　机电安装施工方案（供安装专业编制施工组织设计参考）

3.6.1　管道施工

1）施工技术要求

室内外管道安装严格按照《建筑给水排水及采暖工程施工质量验收规范》（GB50242—2002）进行施工及验收。同时，还应符合设计和使用要求，严格按图及国家有关标准图册施工，若需变更，必须经甲方代表、设计许可，凭变更联系单、变更图纸方可施工。

2）管道安装一般要求

（1）工程所用设备、材料必须做好核对、验收工作，符合要求方可使用，及时收集质量证明书、合格证。

（2）管道安装前，必须清除管内污垢。安装中断或完毕的敞口处（如卫生设备接口），应临时封闭（尤其是埋地管和垂直管口）。

（3）管口螺纹加工必须符合质量要求，断丝或缺丝不得大于螺纹全扣数的10%。安装时，螺纹外露部分和拧紧部分应符合要求，管径小于50mm时，可用生料带；管径大于等于50mm时，应用油麻丝和厚白漆，安装后及时清除丝扣上的多余麻丝，并做防腐处理。

（4）直管接口（丝接、焊接或法兰接口）连接时，如有弯曲，必须进行调直处理，以保持钢管平直度，管径≤100mm时，每10m小于5mm；管径>100mm时，每10m不大于10mm。

（5）管道穿过其他楼板或墙壁时，应设置套管，管道接口不得置于套管内。安装在墙壁内的套管，长度根据穿墙厚度而定，一般为墙厚加40mm，其两端应与饰面平。保温管道的套管直径选择时，应考虑管道保温层厚度，套管和保温层之间用不燃绝热材料填塞紧密，穿楼板套管缝隙加防水油膏填实，端面光滑。

穿梁预留孔（套管）预留（埋）时，一般应保持与梁垂直。

管道穿过墙壁和楼板预留孔洞，其尺寸如设计无要求，按施工工艺执行；承重墙及多孔楼板打洞应注意结构强度，必要时，应与监理联系，采取补强措施。

（6）钢管对口焊接采用手工电弧焊或氧-乙炔焊。

①管子对口的错口偏差应不超过管壁厚的20%，且不超过2mm，调整对口间隙，不得用加热扭曲管道的方法。

②焊缝宽度和高度应符合焊接技术要求，气焊条表面应无氧化皮、油污和锈蚀，电焊条应根据母材材质选用，符合质保期要求，电焊条药皮应不潮、无裂纹、无脱皮。

③焊缝及垫板影响区表面应无裂纹、未熔合、未焊透、夹渣、弧坑和气孔等缺陷。

（7）管道采用法兰连接时，法兰应垂直于管子中心线，其表面应相互平行，法兰的衬垫不得凸入管内，其外圆到法兰螺栓孔为宜，法兰中间不得放置偏垫或双垫，连接法兰的螺栓螺杆突出螺母长度不得大于螺杆直径的1/2。

（8）钢管的沟槽式连接：沟槽式机械接头连接。安装时，先用滚槽机在管子端口分别滚上沟槽，然后在密封圈唇边和外边涂上一薄层硅润滑油，再套上密封垫圈，最后将卡箍卡上沟槽，插入螺栓，拧紧螺母等紧固件即可。

（9）钢管支、吊、托架的安装应符合以下规定：

①固定支点应牢固，滑动支架应灵活，较大管子支座部位应设护板，管座与管架接触不应有切割毛刺，应设导向限位板膨胀移动间隙。干管转弯双向自然补偿处，应考虑双向自然补偿位移余量。

②无冷热伸缩的管道吊架，吊杆应垂直于管子轴线，有冷热伸缩的管道吊杆，应向伸缩反方向偏移。

③固定在建（构）筑物的管道支、吊架不得影响结构的安全。

④设备接口上的第一个管道支（托、吊）架，应保证设备不荷重，考虑检修方便。

⑤保温管的隔热木托板根据成排管线的管径大小制作，木托应经防腐处理。管托的高度应与保温层厚度一致，宽度应大于支、吊架支撑面的宽度。

（10）空调水管支吊架参照国标88R420制作，支架位置应符合工艺要求，必须安全可靠，并做除锈刷漆防腐处理。

（11）阀门应有质量保证书和合格证。阀门安装的位置、数量、型号和规格应符合设计要求。安装前，应按规范要求做强度和严密性试验，不合格的阀门不能安装。阀门、管件安装时，应保证管道整体的垂直度。

（12）钢管弯头应符合安装工艺要求。多排管道安装时，90°弯头角度应一致，要求整齐美观。

（13）立管安装。立管暗装在竖井内时，应在管井内预埋铁（件）上安装卡件、支架，并以固定。立管固定托架应有足够的强度和稳定性，以承受管道的膨胀力和管道、介质的重力。立管明装在每层楼板时，要预留孔洞，并埋套管，套管内不得有管道接口。

（14）管道的坡度和坡向应严格按设计和规范要求施工，保证排气、排污和泄水要求。

（15）排水管的三通和弯头接口形式不许任意更改。排水管的横管和立管、横管与横管的连接应采用45°三通、45°四通或90°的斜三通、四通。立管与排出管端部的连接宜采用2×45°或弯曲半径 $R \geqslant 4\phi$（弯头管径）的90°弯头。

（16）排水管上的检查口、清扫口的安装要符合设计和规范要求，应便于操作。检修门应安装严密，防止渗漏。阻火圈的安装要符合设计和规范的要求。

（17）注意与风道、电管、装饰的标高关系。所有管道敷设尽量紧贴梁、柱或墙安装，注意美观。

（18）管道的冲洗和试压应符合设计和规范要求。水压试验应有监理参加，先灌水，放气，灌满后关上放气阀进行升压。升压要缓慢，放气要注意安全，降压也应缓慢。当压力降至0MPa时，应充分打开放空阀。放水也要慢，防止管道系统产生负压破坏。及时做好试压、冲洗和隐蔽工程验收记录。

（19）自动放空阀、减压阀、安全阀和橡胶软接头及工作压力低于管道试验压力的设备，容器不参加管路系统的压力试验。应做好临时拆除（管路临时接通）或隔离（旁通）处理。

管路系统处于试验压力时，应有专人看管压力表和放空阀，防止发生超压事故。

（20）伸缩（补偿）器的安装位置必须严格按图纸要求，应进行预拉伸（或压缩）处理。确保固定支架（座）的强度和安装位置正确，自然补偿端要留有充足的移动余量，并注意方向。

（21）管径的大小及管径的变化位置和阀门的型号不许任意更改，以确保系统的水力、热力平衡。

（22）低温水系统开始投入运行前，应做好预冷工作。应缓慢降低介质温度，并注意检查固定支架（座）的强度和滑动支架（座）、自然补偿端的位移和补偿器的作用。

（23）膨胀管上不得有任何阀门，保证畅通。

膨胀水箱的高度应严格符合设计要求。膨胀水管与系统的连接处（集水器）不得任意变更。

（24）管道安装一般原则是有压让无压，小管让大管，常温管道让冷（热）管道。

（25）风机盘管与干管的连接应考虑干管的膨胀位移补偿，其凝水管的坡度和坡向要严格按要求施工，保证自然排水通畅。

3）卫生器具安装要求

（1）卫生器具的安装按设计要求标准图集及产品样本进行。卫生器具未安装时，应将所有的管道预留口进行临时封闭，防止异物进入。地漏安装在地面最低处，其篦子顶面应低于设置处地面5mm。地漏安装后、竣工前，应做临时封闭。防止建筑垃圾、水泥砂浆及其他异物进入而导致堵塞。

（2）支、托架必须平整、牢固，与器具接触应严密。

（3）安装完的卫生器具，应采取保护措施。

（4）卫生器具的进水接口要严密，防止渗漏。水箱内的浮球关闭要严密、灵活，器具出水口承管与楼板混凝土的补洞要严密，防止地板渗漏。

4）管道试压

（1）金属给水管试验压力为工作压力的 1.5 倍。10min 内压力下降不大于 0.02MPa，然后将压力降至工作压力，进行外观检查，以不渗漏为合格。

（2）消火栓管道试验要求。以 10min 内压力下降不大于 0.02MPa 为合格。冷凝水管做充水试验的压力应符合设计和规范要求。

（3）空调水管道试验压力应符合设计和规范，以畅通无漏水为合格。

（4）污废水立管注水高度应不低于底层地面高度。以满水 15min 后再灌满延续 5min，液面不下降为合格。

（5）室内雨水管注水至最上部雨水斗，以 15min 后液面不下降为合格。

（6）压力排水管道按排水泵扬程的 2 倍进行水压试验，以保持 30min 不渗漏为合格。

（7）水压试验的压力表应位于系统或试验部位的最低部位。

5）管道冲洗

（1）给水管道在系统运行前必须用水冲洗。要求以不小于 1.5m/s 的流速进行冲洗，直到出水口的水色和透明度与进水目测一致为合格。生活给水系统管道交付使用前必须冲洗和消毒，并经有关部门取样检验，符合国家《生活饮用水标准》方可使用。

（2）雨水管和排水管冲洗以管道通畅为合格。

（3）燃油管道水压试验后，用压缩空气进行吹扫。吹扫压力不得超过管道的设计压力，流速一般不应小于 20m/s，连续吹扫时间视现场具体情况而定。吹扫检查时，可在排气口用白布或涂有未干白漆的靶板进行连续检验，以 5min 内检查其上无水分及其他脏物为合格。

（4）室内消火栓系统在交付使用前必须冲洗干净，其冲洗强度应达到最大设计流量。

3.6.2 电气工程施工

本专业施工内容包括动力配电、照明配电、消防配电、空调配电、防雷接地等。

1）施工准备与施工工序

（1）安装程序：

施工前准备→预埋电气管道→接地极安装→电气设备基础制定、电气支架、电缆梯架制定→管内穿线、开关灯具安装→电气设备安装→电缆敷设→校线、接线→单机、单系统试车、试灯→全系统试车→交工验收。

（2）施工准备：

①熟悉图纸资料，弄清设计图的内容，注意图纸提出的设计要求；

②准备机具材料；

③技术交底，弄清技术要求、技术标准和施工方法；

④学习有关电气施工的技术规范；

⑤预埋件及预留孔位置应符合设计要求，预埋件应牢固。

2）施工方法

（1）执行标准：《建筑电气工程施工质量验收规范》（GB50303—2002）。

（2）电气配管。

①电气管线穿越剪力墙、柱梁、楼板等，按设计要求埋设预埋管。管线敷设时，当线路较长或有弯时，按设计要求设过路盒。所有沿顶棚内、管井和其他场所明敷的线路均采用镀锌钢管。管子安装前，必须消除管内毛刺和铁锈。电线管的连接必须采用束结连接，焊管采用套管连接。管子需用钢锯切断，严禁用火焰、电焊切割。

②电管的弯头应用符合要求的弯管器弯制。弯曲处不得产生皱裂现象，椭圆度不得超过管径的10%。弯曲半径一般要求不小于管外径的6倍。埋设在地下或混凝土楼板内时应不小于管外径10倍。

③管子在穿过伸缩缝或沉降缝时，应装接线盒、金属软管等补偿装置，并做好接地柔性跨接。

④预埋混凝土内的电管尽量在两层钢筋之间，埋设于楼板内的电管应尽量避免重叠，电管上的混凝土保护层不应小于15mm。

⑤电管在平顶内敷设时，要求与土建施工配合，电管要固定牢固，灯头箱位置要正确。

⑥预埋管线较长、弯头较多时，应预先穿好拉线铁丝以利于穿线工程顺利进行。

（3）管内穿线与电缆敷设。

①凡不在竖井、桥架内敷设的电缆、电线均应穿钢管，管内穿线应在土建内墙粉刷、地坪等工作完毕后进行。

②消除管内杂物和积水直到干净为止，必要时可利用压缩空气吹扫。

③放线时采用放线架，导线不得扭结，两端应做好记录。

④不同回路、不同电压的交流与直流导线不得穿入同一根管子内。不同防火区的线路不宜穿入同一根管内，导线在管内或线槽内不得接头或扭结，导线的接头应在接线盒内焊接或用端子连接。

⑤电缆敷设必须严格按照设计和规范需要进行。安装电缆及附件有产品合格证，施工人员应对其规格、外观质量做检查，并做好必要的记录。消防事故照明干线应采用耐火电缆，支线采用阻燃电线。

⑥电缆敷设穿越电缆沟、建筑物时，应加装保护钢管，保护管内径应不小于电缆外径的1.5倍，管口应做成喇叭形。进入强电井后电缆穿桥架沿坪（经支架）明敷；电器竖井在垂直管线完毕后，应每隔一层用非燃烧防火堵料封堵（严禁用水泥沙浆封堵）。同一桥架内敷设的双路电源线路，应在桥架两侧敷设，中间加防火隔板。

⑦应急照明线路穿管后应敷设在非燃烧体内，其保护层厚度不小于30mm。

⑧电缆敷设时，不宜交叉，应排列整齐，固定牢固，并在适当部位挂电缆标志牌，以利于安装、维护和检修。

⑨所有穿越地下室人防防护密闭隔墙的电缆、电线均应严格按要求做好防护密闭处理。

⑩低压线路装置完工后，接电前，用500~1000V兆欧表测试线路绝缘电阻，阻值应符合要求。

（4）桥架与母线的安装。

①桥架与母线的安装按国家标准88SD169、96SD181及生产厂的安装详图安装。桥架

支架间距不得大于2m，水平敷设时底距地不低于2.5m，桥架外敷设一根镀锌扁钢地线，与各配电间地线接通。固定桥架吊架通过金属膨胀螺栓进行安装。

②安装前，应检查产品合格证、附件及技术文件是否齐全。

③悬挂安装的母线吊架应有调整螺栓，固定点距离不得大于2m。支座必须安装牢固，母线应按分段图、相序、编号、方向和标志正确放置，每相外的纵向间隙应分配均匀。

④各段母线的外壳之间应有跨接线，并应接地可靠。

⑤母线与外壳应同心，其误差不得超过5mm。段与段连接时，两相邻段母线与外壳应对准，连接后不应使母线与外壳受到机械应力。

⑥不得用裸钢丝绳起吊和绑扎，母线不得任意堆放和在地面上拖拉，外壳上不得进行其他作业，外壳内的绝缘子必须擦拭干净，外壳内不得有遗留物。

（5）二次回路配线。

①一次回路配线首先要熟悉电气原理图，并查对设备文件型号规格及导线规格，敷线回路应清晰、美观、整齐。

②接线前根据图线编号校对线路，同根导线两端应套上相应编号的接线端子，进入端子的导线应留适当余量。

③导线不得有损伤，线头弯成圆圈的方面应与螺钉拧入方向一致，导线与螺帽之间应用垫圈。

④二次回路配线宜采用截面不小于$1.5mm^2$的多股铜导线，导线中间不应有接头。

⑤接线完毕应认真检查，为配合模拟试验作好准备。

（6）盘、柜与动力设备安装。

①盘、柜及盘柜内设备物件连接应牢固。主控制盘、继电保护盘和自动装置等不宜与基础型钢焊死。盘、柜的漆层应完整无损。固定电气的支架应刷漆，同一室内盘、柜面漆应一致。

②对于双路供电的电气装置，在接线前必须认真检查线路，核对相序，确保绝对正确可靠。

③电动机接线前必须对定子线圈转子线圈进行绝缘电阻测试：用1000V兆欧表测量其绝缘电阻不得小于$0.5M\Omega$，并做好测试记录。

④电动机的第一次启动，一般在空载下运行，运行时间为2h，并记录电机的空载电流。

（7）防雷与接地。

避雷引下线及主接地网至主接地网地下连接点，沿接地体长度不得小于15m。

（8）电气设备接地。

①电气设备的工作接地，按设计要求施工，电气装置正常非带电的金属外壳，采用接地或接零，按设计要求施工。

②接地装置采用镀锌钢材。

③在接地引向建筑物的入口处应刷白色底漆，并标以黑色记号。

（9）等电位连接，各层在正常情况下不带电的金属器件均须与等电位联接线可靠联接，电子设备功能采用联合接地体。

等电位安装技术：

①为了建筑物防雷和电子信息设备防瞬态过电压及干扰，应进行等电位安装，以消除建筑物外径电气线路和各种金属管道引入的危险故障电压的危害。

②等电位安装是通过总等电位连接端子箱将下列导电部分互相连通：

进线导电箱的 PE（PEN）母排；

进出建筑物的金属管道（给排水、热力、煤气、油等金属管道）；

建筑物金属结构；

人工接地及接地极引线；

每一电源进线。

③辅助等电位安装，是将两导电部分用导线直接做等位连接。

④等电位连接内各导体间的连接可采用焊接，焊接处不应有夹渣、咬边、气孔及未焊透情况。当等电位连接采用不同材质的导体连接时，可采用压接法，压接处应进行热搪锡处理。

⑤等电位连接导通性测试。等电位连接安装完毕后应进行导通性测试，测试电源采用空载电压为 $4\sim24V$ 的直流电源（也可交流电源）测试电流不应小于 0.2A。当测得等电位连接端子板与等电位连接范围内的金属管道等金属体末端之间的电阻不超过 3Ω 时，可认为等电位连接有效，在投入使用后也应定期做测试。

3）开关灯具的安装

（1）开关、灯具等安装应在各种管线、盒子已敷设完毕，管内穿线已完工，并做好了绝缘检测记录之后，在墙面内装饰和吊顶将完成的情况下进行。

（2）在装饰前，应先检查线盒的高度尺寸以及并排线盒的偏差尺寸是否符合规范要求，否则应做出修整，装开关插座盖前应清理线盒内的灰尘杂物，清理螺钉孔。

（3）开关安装高度应符合设计和规范要求，一般距地 1.3m，成排高低差不大于 2mm。安装时先接线，电器灯具的相线应由开关来切断。然后将开关盖推入盒内，对正盒眼，用螺钉固定，固定时，先要保持面板的端正，与墙齐平，两螺钉对称均匀拧入，开关的上下方向不要搞错。同房间多开关时，应按灯具控制顺序进行排列。

（4）灯具安装应牢固。成排灯具安装时，应拉直线安装，中心线允许偏差 5mm。吊顶内嵌入式灯具的一段管线必须采用镀锌金属软管。

（5）应急灯应灵敏可靠，指示方向无误，安装在明显的位置，安装高度应合适。

4）电气调试

（1）电气调试前必须对所有电气元件、设备、线路进行一次全面的检查，安装必须符合设计要求和国家规范。

（2）变配电室向各系统配电柜送电。

①各层照明、动力柜、箱，所有空调、消防、生活给排水，动力、电梯等电源柜受电及电缆线路符合设计要求，绝缘电阻大于 0.5MΩ。送电位置正确，电源柜操作灵活，双电源切换动作正确。

②注意事项。

送电工作开始前，由电气施工员书面通知建设单位及现场各施工单位。保卫部门在大楼各主要通道口张贴安民告示："大楼所有电器均带电，注意安全，不得随意操作电闸。"

送电时备好完好的通信工具，以保证通电顺序和安全。

所有参加人员均按安全要求做好绝缘保护。

送电开关操作要做三次开关暂冲击后再连续送出，并由专人负责操作。

各配电柜带电后均应挂上带电标志牌。

（3）调试程序。

①参加人员首先弄清各回路分布情况及各回路中主要有哪些电器具以及它们的操作方法。

清理照明配电箱内的尘埃，紧固各接地端。

用500V兆欧表测量电源进线及各出线电源绝缘电阻应大于0.5MΩ，并做好记录。同时，请建设单位监理在记录上做好签证。

利用施工用临时电源，调整所有电器具，使其正常工作。开关设置符合设计要求，并按设计图在配电箱上标明该回路名称。

拆除临时用电，接三相正式电源，并检查该干线、回路以及所有其他配电箱。关闭其总开关，挂上带电标志牌，由电源柜向照明干线送电。然后开启所有用电设备，用钳形电流表检查每个回路的工作电流，做好记录，并复核该分路开关脱机电流值。

②照明调试应到达所有层面，各类照明工具正常工作，风机盘管正常出风，各类插座正常供电，插座相、零、地线位置正确，接地可靠，分回路控制符合设计要求，正常工作2h无异常情况。

③注意事项。

凡参加调试人员均应做好安全保护。

严格防止线电压送进单机回路。

试灯中用的配电箱要挂警示牌，开关要指定专人操作。

调试结束后应切断电源。

（4）动力系统调试。

①检查。检查配电柜及电机接地，使之符合要求，检查机械与电机功率是否相配、电机铭牌功率电流是否符合原设计、配电柜保护元件配置与电机容量是否适合。

清理配电柜内尘埃并紧固一、二次回路接线桩桩头及端子。

用500V兆欧表检查线路及电机绝缘，要求大于0.5MΩ，100kW以上消防泵电机要求用双臂测绕组直流电阻，其不平衡度不大于2%，并做好记录，若电机绝缘达不到要求，则应进行干燥处理。

用万用表测量三相进线电压，应满足380V±5%要求。

检查各系统的外部、远端控制及联锁联动线路的接线正确与否，是否有遗漏。

关掉主电源开关，单独给二次回路送电，检查调整控制回路，模拟动作；手动、自动、联动，使控制柜内工作正常，逻辑正确，然后接进外控制联动线，在远端模拟外控及联动的外部各种条件，检查其动作是否符合设计要求以及动作信号发出给总控台是否正确。

用手盘动电机机械轴器，要求无卡阻现象，保证电机运转正常。按电机铭牌电流乘以1.1~1.35倍，整定热保护元件。

电动电机通电，检查其运转方向与机械标定方向是否一致，否则调换主回路相序，然后正式通电试运行，用钳形表检查三相平衡电流及单相运转电流，要求平衡且小于铭牌值，并做好记录。

连续运转2h，每隔15min检测记录一次。电机运转电流及温升，若超过铭牌值，则应立即停机检查并处理。

联上机械联轴器配合设备、管道等其他专业人员按各系统动作要求，负荷试运行，并定时检测电流及温升，均不应超过铭牌值。

②所有系统电机运行正常。各类联动控制功能达到设计要求。

检查电机绝缘大于0.5MΩ。

试验控制，使其工作正常符合设计要求。

通电运行电流温升符合铭牌要求，连续运转2h无异常。

③注意事项。

所有参加人员均应做好绝缘保护（穿绝缘鞋）。

通电的配电控制箱上均应挂牌告示，并指定人员操作。

检查线路电机及其他带电元件时均要有电源的明显断开点，并用验电器验明无电方可操作（注意，有些柜的控制电源与主电源分开控制）。配电柜要专人看管，挂牌告示："有人操作严禁合闸。"

5）安全注意事项

（1）严格遵守电工安全技术操作规程和建筑安装工程技术规程有关的规定。

（2）施工中所用的灯、电动工具使用后，应特别注意电源，必须切断。

（3）使用电动工具特别是手持电动工具时，其外壳必须按要求进行接零保护，保护零线应单设，零线不准经过开关及熔断器。

（4）工地应使用本公司统一监制的带有触电保护装置的配电箱，并应由专人负责施工用电的配置与接线。

（5）施工用电缆及电源线应架空妥善固定，防止压破绝缘层，造成人身触电事故。

3.6.3 通风空调工程施工

1）施工方法

（1）执行标准：按《通风与空调工程施工质量验收规范》（GB50243—2002）。

（2）施工程序如下图所示。

（3）通风空调系统的施工。

①通风管道与部件的制作：

风管及配件的材质及壁厚应符合设计及GB50243—2002的要求。

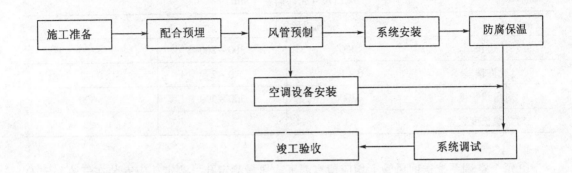

镀锌钢板在制作过程中，应采取措施使镀层不受破坏，尽量采用咬口和铆接形式。

风管及配件的连接采用可拆卸的形式。管段长度宜为 1.8~4.0m 风管及配件外径或外边长的允许偏差应符合规定；法兰内径（或内边尺寸）允许偏差为+2mm，不平度不应大于 2mm。

展开下料时，形状要规则，尺寸要正确。咬口拼接时，要根据板厚、咬口形式和加工方法不同，留出规定的咬口余量。风管接缝应交错设置，矩形风管的纵向闭合缝应设在边角上，以增加强度。

矩形风管边长大于或等于 630mm，应采取加固措施。加固形式根据设计要求或规范确定。

风管配件按其形状不同选用适当的下料方法，并仔细操作，减少误差，正确放出咬口余量和法兰翻边余量。用法兰连接的变径配件，在总高度不变的情况下，还要在端部加高同法兰宽度相等的矩形直管，以利于端部法兰的装配。

风管配件的弯曲半径、圆弯头的节数、三通和四通的夹角等必须符合施工质量验收规范的规定。

风管及配件的加工尽量采用机械化生产线，计划在加工机械配备齐全的现场加工基地进行，施工现场少量的修改，采用手工操作。要严格保证风管和配件表面平整、圆弧均匀、咬缝严密、宽度应一致，并不得有十字交叉的拼缝。

风管法兰表面应平整，加工精度和用料规格符合设计或规范要求，法兰螺孔要具备互换性，螺孔和铆钉的间距不得大于规范规定的 150mm。矩形风管法兰的四角部位应设螺孔。

为了保证风管和配件加工制作尺寸的准确性，在预制加工前，要在施工现场进行测绘。根据施工图已给条件和建筑结构的实际尺寸，分析计算，实地测量，绘出加工草图，确定风管、配件的具体加工尺寸，供加工车间按尺寸要求进行加工制作。

外购部件的验收：风口的验收，规格以颈部及外边长为准，其尺寸的允许偏差值应符合下表的规定。风口的外表装饰面应平整，叶片或扩散环的分布应均匀，颜色一致，无明显的划伤或压痕；调节装置转动应灵活、可靠，定位后应无明显自由松动。

检查数量：按类别每批分别抽查 5%，不得少于 1 个。

检查方法：尺量，观察检查，核对材料合格的证明文件与手动操作检查。

风口尺寸允许偏差（mm）

矩形风口			
边长	<300	300~800	>800
允许偏差	0~1	0~2	0~3
对角线长度	<300	300~500	>500
对角线长度之差	≤1	≤2	≤3

②每个空调系统送回风管上均应留有温度、风量测定孔，测定孔应安装在气流稳定的管段上。

③风管系统安装程序。

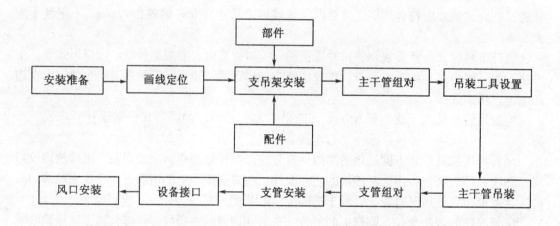

a. 风管系统的安装要点：做好安装前的准备工作，其内容主要包括：进一步熟悉施工图和制作安装实测草图，了解土建和其他专业工种同本工种的相关情况，核实风管系统的标高、轴线、预留孔洞、预埋件等是否符合安装要求；核对相关施工条件，确定本工种所需要的安装条件是否具备；编制施工方案和安全措施；根据工程特点，组织劳动力进场；预制成品、半成品运到安装地点；备足安装用各类辅助材料；风管系统画线定位；风管及部件安装前应清除内外杂物、保持清洁才能安装并对敞口部位进行临时封闭，保持已安装风管内的清洁。

支架敷设是确保风管安装质量的重要一环，支架按国标 T616 型式制作，要根据现场情况和风管的重量确定用料规格和形式，要达到既要节约钢材，又要保证支架强度的要求；支、吊架安装位置要正确，做到牢固可靠；支架的间距应符合规范要求。

风管的组对：将预制好的风管、配件、部件运至安装地点，结合实际情况进行检查和复核，再按编号进行排列，风管系统的各部分尺寸和角度确认准确无误后开始组对工作。

风管各管段之间的连接一般采用法兰连接，应平直不扭曲，接口处要求严密不漏风，法兰盘之间的垫料用不燃密封垫料，厚度不应小于 3mm。非金属风管的法兰螺栓两侧应加镀锌垫圈。送风支管与总管采用垂直承插时，其接口处应设置导风调节装置。

b. 风口的安装：风口与风管的连接应严密、牢固，边框与建筑装饰面贴实，外表面应平整不变形，调节应灵活。风口水平安装水平度偏差不应大于 3/1000，风口垂直安装，垂直度的偏差不应大于 2/1000。同一室的相同风口安装高度应一致，要求排列整齐。铝合金条形风口的安装，其表面应平整，线条清晰无扭曲、变形、转角，拼缝处应衔接自然，且无明显缝隙。

c. 变风量末端装置的安装：应设独立的支、吊架，与风管相接前应做动作试验。

④通风与空调设备的安装：

a. 通风与空调设备必须有合格证及齐全的随机文件，进口设备必须有商检部门的检验合格文件。

b. 通风机的安装：根据设备装箱清单，核对叶轮、机壳和其他部位的主要尺寸，进风口、出风口的位置等是否与设计相符。

叶轮的方向应符合设备技术文件的规定。

进风口、出风口应有盖板严密遮盖，检查各切削加工面的防锈情况和转子是否发生变形或锈蚀、碰损等。

通风机的基础、各部位尺寸应符合设计要求。预留孔灌浆前应清除杂物，灌浆应用碎石混凝土，其标号应比基础混凝土高一级，并捣实，地脚螺栓不得歪斜。

按设计要求加减震装置，各组减震器承受的压缩量应均匀，高度误差应小于 2mm，不得偏心。

轴流风机组装时，叶轮与主体风筒的间隙应均匀分布，并符合设备的技术文件要求。

检查并调整风机叶轮的动平衡，每次都不应停留在原来位置。

固定通风机的地脚螺栓，除应带有垫圈外，还应有防松装置。

通风机运转前应加上润滑油，并检查各项安全措施。盘动叶轮，应无卡阻、重心偏移现象，叶轮的旋转方向应正确。

通风机安装的允许偏差应符合 GB50243—2002 的规定。

c. 消声器的安装：消声器的运输和安装过程中不得损坏和受潮，充填材料不得有明显下沉。

消声器的安装方向不能搞错。

消声器应单独安装支架、吊架，其重量不得由风管承担。

d. 风机盘管的安装：风机盘管机组安装前，应进行单机三速试运转及水压检漏试验，试验压力为系统工作压力的 1.5 倍，以时间为 2min 不渗漏为合格。吊架应牢固，位置便于拆装及维修。

供回水管阀门与风机盘管机组的连接采用不锈钢软管，接管应严密牢固，严禁渗漏。

排水坡度按设计要求应正确，凝结水应畅通地流到指定位置，严禁堵塞。

风机盘管机组应在水管清洗后连接，以免堵塞机组。安装在吊顶内的新风机组和风机盘管等需要检修的设备，下面的吊顶不能方便拆装时，在吊顶上应预留 600mm×600mm 的检修孔。

e. 空调系统空气分布器的安装：外墙进风口和外墙排风口均应设置于预制安装框内，如果采用土建预制木材制作的预制安装框，侧风口采用 M5 平头自攻螺钉固定于预制安装框内，自攻螺钉间隔为 200mm 左右，但风口每条边不少于一个自攻螺钉，自攻螺钉必须设于风口的内侧面，不允许设于风口外表，若采用其他的安装方法，必须获得土建装饰者的配合并且经过土建装饰者的审核。

f. 吊顶上各类散流器的安装：散流器有圆形和矩形两种。圆形和矩形散流器后面一般均设置有对开式钢制碟阀，用来调节风量。安装圆形和矩形散流器时，空调风管上朝下的开口暂时不开，待土建装饰平顶龙骨吊装完毕，进行风口定位点放位时，线条型散流器后一般均设置有静压箱。静压箱进口处一般均设置有对开式钢制碟阀，用来调节风量，碟阀与空调风管之间的风管采用自带保温层钢丝骨铝箔复合软管，抱箍夹紧联结，空调风管安装时，该软风管和静压箱暂时不做，待土建装饰平顶龙骨吊装完毕，进行风口定位点放位时，必须获得土建装饰者的配合并且经过土建装饰者的审核。

吊顶上各类侧送风口和回风口的安装：吊顶上各类侧送风口和回风口均应设置于预制安装框内，如果采用土建用木材制作的预制安装柜，则风口采用 M5 平头自攻螺钉固定于预制安装框，自攻螺钉间隔为 200mm 左右，但风口每条边不少于 1 个自攻螺钉，自攻螺钉必须设于风口内侧面，不允许设于风口外表。

⑤空调通风系统的保温。

a. 空调送风管采用一级福乐斯（难燃 B1 级）保温材料进行保温（穿越防火墙和变形缝的水管两侧各 2m 范围内采用 50mm 厚离心玻璃棉保温，保温层外用铝箔做隔潮保护层），保温厚度参照下表确定。

空调风管送风温度（℃）	一级福乐斯板材厚度（mm）
≥7.5	32
≥11	25
>18	19

b. 保温层与风管之间应贴实，保温层的接缝处应严密无缝。

c. 保温阀门应使法兰的开启方便、灵活，开启标志明显。如果保温层厚大于调节装置与壳体间的距离，可以重新固定在保温层外。

（4）通风与空调系统测试与调整。

①系统风量的调整：系统风量的平衡与调整关系到空调房间内能否获得预定的气象条件及空调系统能否实现经济运行，系统风量的过大或过小都要查明原因，采取相应措施加以解决。系统风量的平衡调节可采用流量等比分配法或动压等比分配法，从系统最不利的环节开始，逐步通向风机。

②按设计及规范要求和常用调整方法进行对送风机状态的调整、对室内空气状态的调整、对室内气流速度超过允许值的调整、噪声超过允许值的调整。

2）通风与空调验收时应提供的技术文件

（1）设计修改通知书、竣工图；

（2）主要材料、设备、成品、半成品和仪表的出厂合格证及质量证书；

（3）隐蔽工程验收记录和中间验收记录；

（4）通风、空调系统漏风试验记录；

（5）空调系统联合试运转的测定与调试记录。

3）工程执行标准

《通风与空调工程施工质量验收规范》（GB50243—2002）。

3.6.4 消防安装工程施工

1）消防系统施工前应具备的条件

（1）应具备设备布置平面图、接线图、安装图以及其他必要的文件。消防系统施工应按设计图纸进行，不得随意更改。消防设施应向专业经销部门采购，质量必须符合要求，并应具有消防许可证、检验合格证、质保单。

（2）施工单位应具备消防施工相应级别的安装许可证。

（3）项目经理应具有消防项目经理资格证书。

2）消防供水系统安装

（1）消防供水系统包括管道、消火栓、泵及其他阀门、消防箱及供水池等。

（2）消火栓安装：

①消火栓箱体应有消防主管部门批准的制造许可证及合格证方可使用。

②消火栓支管要以栓阀的坐标、标高定位甩口，核定后再稳固消火栓箱，箱体找正稳固后再把栓阀安装好，栓阀开启应方便，箱门开启应灵活，安装完毕后应及时封门，以防零件丢失。箱内有电控按钮时，要注意与电气专业人员配合施工。箱体油漆损伤部位在竣工前应重新补一遍油漆。

③消火栓安装尺寸为阀门中心距地面为 1.1m，阀门距箱侧面为 140mm，距箱后内表面为 100mm，栓口阀不应与门柜相碰。

④消火栓内的皮带水枪应在交工前安装。水龙带卷实盘紧放在箱内，水枪要竖放在箱体内。

⑤电机与泵连接时，一般应以泵的轴线为基准找正。

⑥泵出入管道应有各自的支架，泵不得直接承受管道的重量。

⑦泵出入口法兰严禁强行组对（尤其是管道泵，当法兰平等度不一致时，严禁强行组装）。

⑧管道与泵连接后，应复查泵的找正精度，当发现由于管道连接而引起偏差时，应调整管道。

⑨管道与泵连接后，不应在其上进行焊接或气割，当需焊、割时，应点焊后拆下管道进行焊接（或采取必要措施），防止焊渣、氧化铁进入泵内。

⑩消防水泵的安装：应符合《机械设备安装工程施工及验收规范》的有关规定，消防水泵的出水管上应安装止回阀和压力表，并宜安装检查和试水用的放水阀门，消防水泵泵组的总出水管上还应安装压力表和泄压阀，安装压力表时，应加设缓冲装置，压力表和缓冲装置之间应安装旋塞，压力表量程应为工作压力的 2×2.5 倍。吸水管上的控制阀不应采用蝶阀，直径不小于水泵吸水口直径。

⑪泵成排安装时，其阀门手轮标高一致，配管排列整齐。

（3）消防水箱和消防水池安装。

①消防水池、水箱的溢流管及水管不得与生产或生活用水排水管径直接相连。

②管道穿过钢筋混凝土消防水箱或消防水池时，应加防水套管，对有振动的管道尚应加设柔性接头，进水管和出水管的接头与钢板消防水箱的焊接应做防锈处理。

（4）管网及系统安装。

①管网安装前，管子应校直，清除内部杂物。

②管网安装，室内消防给水管 DN<100mm 时，采用优质热镀锌钢管，丝扣连接；DN>100mm 时，采用无缝钢管镀锌后沟槽式管接头及配件连接。

③管螺纹连接时，密封填料应均匀附在管道螺纹部分，拧紧螺纹时，不得将填料挤入管内，连接后应将连接处外部清理干净，外露丝扣进行防腐处理。

④管道的焊接应符合现场设备工业管道焊接工程施工及验收规范。

⑤管道支架、吊架、防晃支架安装型式尺寸应符合设计要求，安装位置不应妨碍喷头的喷水效果，喷头与支架、吊架的距离不宜小于 300mm，与末端喷头之间的距离不宜大于 750mm。

⑥当管子的公称直径等于或大于 50mm 时，每段配水干管或配水管设置防晃支架不应少于 1 个，管道改变方向时应增设防晃支架。防晃支架距地面或楼面的距离宜为 1.5×1.8m。

⑦管道穿过墙体或楼板时应加设套管，套管长度不得小于墙体厚度，或应高出楼面或地面 50mm，套管与管道的间隙应采用阻燃材料填塞密实。

4 季节性施工方案

针对不同季节气候，我们将采取不同措施进行指导施工，以确保工程质量。

4.1 雨季施工措施

4.1.1 雨季施工管理目标

（1）雨季施工主要以预防为主，采用防雨措施及加强排水手段确保雨季正常地进行生产，不受季节性气候的影响。

（2）加强雨季施工信息反馈，对近年来发生的问题要采取防范措施设法排除。

4.1.2 雨季施工准备工作

1）施工场地

场地排水：对施工现场及构件生产基地，应根据地形对场地排水系统进行疏通，以保证水流畅通，不积水，并要防止周边地区地面水倒入场内通行不畅。

道路：现场内主要运输道路两旁要做好排水沟，保证雨后排水通畅。

2）机电设备及材料防护

机电设备：机电设备的电闸箱采取防雨、防潮等措施，并安装好接地保护装置。

原材料及半成品的保护：对木门、窗等以及怕雨淋的材料要采取防雨措施，并放入棚内或仓库内，要垫高让其通风良好。

3）大小设施检修及停工围护

对现场临时设施，如工人宿舍、仓库等应进行全面检查。

对一般不进入雨季施工的工程，力争雨季到来前完成到一定部位，同时考虑防雨措施。

4.1.3　雨季施工管理

1）钢筋混凝土工程

尽量避免混凝土浇捣在雨天进行，如无法避免，则应采取混凝土开盘前根据砂石含水率，调整配合比，适当减少加水量，合理使用外加剂等一系列措施，确保工程质量。

2）外装修工程

外脚手架要设挡脚板，并随时清理架子上的污物，防止雨水溅污墙面。

高级饰物等雨季施工过程中要采取如塑料薄膜的保护措施。

已做好的屋面，要及时将雨水管接至地面，防止雨水沿雨水沟流至墙面而造成污染。

3）安全工作

脚手架的拉结应齐全有效，脚手架要加扫地杆。

露天使用电气设备，应有可靠的防漏措施。

4）消防工作

消防器材要有防雨防晒措施。

对化学品、油类、易燃品，应设专人妥善保管，防止受潮变质及起火。

冬季施工用的草帘存放处要防雨、防潮，保持通风。

4.2　夏季高温季节施工措施

（1）避开中午高温。在生活、保健方面确保劳动力能连续作业。砌体、墙体、地面等处施工时要充分湿润，确保砂浆不起壳开裂。高温季节，做好混凝土养护工作，防止阳光曝晒，及时喷洒养护液，并用湿草包覆盖混凝土表面，防止混凝土早期脱水，破坏混凝土强度。

（2）混凝土配合比宜采用缓凝型外加剂，既保证混凝土的和易性，又满足施工需要，确保混凝土强度正常发展。

（3）砼浇筑前，必须使模板充分湿润，吸足水分。

（4）主体结构施工时，一般在晚间安排浇筑混凝土，避免混凝土出现干缩裂缝，有效地利用工期。

（5）若遇大暴雨需中断砼浇筑时，应按规范要求振实，并留设施工缝或采取有效的防雨措施。

4.3　冬季施工措施

4.3.1　冬季施工目标

（1）加强冬季施工准备工作，提前做好热源准备。

（2）加强冬季施工准备工作，提高冬季施工工作质量水平。

（3）提高人的素质，为适应冬季施工管理的要求，对冬季施工管理人员进行系统培训。

（4）建立质量目标。

4.3.2 冬季施工准备工作

1）生产准备

结合施工特点，将冬季施工准备所需的劳动力、材料等均纳入生产计划。

对冬季停工工程应进行围护与保管。

对现场搅拌机棚、卷扬机棚、消防设施及管道部分进行越冬防冻维护，保证冬季正常使用。

2）技术准备

结合冬季施工原则及工程特点编写施工方案。

在冬季施工前，对技术干部进行专业培训。

4.3.3 冬季施工管理

1）常温转入冬季施工温度控制。

低温施工：当大气温度低于10℃时，即转入冬季施工。

当室外日平均气温连续5天低于5℃时，一切施工项目即转入冬季施工。

冬季施工转为常温：凡次年初春连续7昼夜不出现负温时即转入常温施工。

2）砌筑工程

为保证砌筑质量，砖砌体应严格按"三一"砌筑法施工，并采用满丁满条排砖法，灰缝应控制在10mm左右。

转入冬季施工后，砌砖不浇水，要适当加大砂浆稠度，一般控制在10～12cm。

砌筑砂浆标号应按设计院要求配制，一般不再提高标号。

冬季施工用混合砂浆，采用热砂浆，水加热温度控制在60～80℃，上墙温度不低于5℃。

3）水、电安装工程

凡竣工工程内不通暖，卫生设备试水后必须把其内部及返水弯中的水放干净。

铸铁水管用水泥捻口时，应在正常温度下操作。

4）钢筋混凝土工程

对钢筋混凝土工程的冬季施工，要注意以下几点：

（1）加强与气象部门的联系，争取在寒潮来临之前做好混凝土浇捣工作。

（2）施工中所使用的混凝土骨料必须清洁，不得含有冰雪等冻结物及易开裂物质。

（3）合理地使用外加剂，外加剂的使用应符合现行国家标准及产品说明书的规定。

对原材料的加热、搅拌、运输、浇筑及养护等，应进行热工计算，并据此施工。

5）消防、安全管理

以预防为主，加强对职工的安全教育工作，并严格执行安全生产责任制。

严格执行公司现场动火制度。

易燃品及时清理并远离施工地点堆放。

保证消防用水供应，保证道路畅通。

5　质量保证措施

5.1　工程质量目标及管理体系

本工程的质量目标为：确保省优质工程奖。

工程管理体系图：（略）

5.2　施工质量保证体系

施工质量保证体系是确保工程施工质量的管理要素，而整个质量保证体系又可分为施工质量管理体系、施工质量控制体系两大部分。

5.2.1　施工质量管理体系

施工质量管理体系是整个施工质量能加以控制的关键，而本工程质量的优劣对项目班子质量管理能力的最直接评价，同样，质量管理体系设置的科学性对质量管理工作的开展起到决定性的作用。

1）施工质量管理组织

施工质量的管理组织是确保工程质量的保证，其设置的合理、完善与否将直接关系到整个质量保证体系能否顺利地运转及操作，在本工程中，我们将通过组织机构来全面地进行质量的管理及控制。

2）质量管理职责

施工质量管理组织体系中最重要的是质量管理职责，职责明确，责任到位，便于管理。

（1）项目经理的质量职责。项目经理作为项目的最高领导者，应对整个工程的质量全面负责，并在保证质量的前提下，平衡进度计划、经济效益等各项指标的完成，并督促项目所有管理人员树立质量第一的观念，确保质量保证计划的实施与落实。

（2）项目技术负责人的质量职责。项目技术负责人作为项目的质量控制及技术管理的执行者，应对整个工程的质量工作全面管理，从质保计划的编制到质保体系的设置、运转等，均由项目技术负责人负责。同时，作为项目技术负责人应组织编写各种方案、作业指导书，监督各施工管理人员质量职责的落实。

（3）质量员的质量职责。质量员作为项目对工程质量进行全面检查的主要负责人，应具有相当的施工经验和吃苦耐劳的精神，在质量管理过程中有相当的预见性。领导项目部提供准确而齐备的检查数据，对出现的质量隐患及时发出整改通知单，并监督整改以达到相应的质量要求，并对已成型的质量问题有独立的处理能力。

（4）施工员的质量职责。施工员作为负责生产的直接管理者，应把抓工程质量作为首要任务，在布置施工任务时，充分考虑施工难度对施工质量带来的影响，在检查正常生产工作时，严格按方案、作业指导书等进行操作检查，按规范、标准组织自检、互检、交接检的内部验收工作。

（5）材料员的质量职责。材料员作为项目材料管理的权威，应为项目部提供质优价廉的材料，并应积极为建设、监理和设计单位提供最新材料信息，将最好的材料应用于本工程。

3）施工质量管理体系

施工质量管理体系的设置及运转均要围绕质量管理职责、质量控制来进行，只有在职责明确、控制严格的前提下，才能使质量管理体系落到实处。本工程在管理过程中，将对这两个方面进行严格的控制，详见施工质量管理体系图（略）。

5.2.2　施工质量保证体系

质量保证体系是运用科学的管理模式，以质量为中心所制定的保证质量达到要求的循环系统，质量保证体系的设置可使施工过程中有法可依，但关键是在于运转正常，只有正常运转的质保体系，才能真正达到控制质量的目的。而质量保证体系的正常运作必须以质量控制体系来予以实现。

1）施工质量控制体系的设置

施工质量控制体系是按科学的程序运转，其运转的基本方式是 PDCA 的循环管理活动，它是通过计划、实施、检查、处理四个阶段把经营和生产过程的质量有机地联系起来，而形成一个高效的体系来保证施工质量达到工程质量的保证。

首先，以我们提出的质量目标为依据，编制相应的分项工程质量目标计划，这个分目标计划应使在项目参与管理的全体人员均熟悉了解，做到心中有数。

其次，在目标计划制订后，各施工现场管理人员应编制相应的工作标准予以施工班组实施，在实施过程中，无论是施工工长还是质检人员均要加强检查，在检查中发现问题并及时解决，以使所有质量问题解决于施工之中，并同时对这些问题进行汇总，形成书面材料，以保证在今后或下次施工时不出现类似问题。

最后，在实施完成后，对成型的建筑产品或分部工程分次成型产品进行全面检查，以发现问题、追查原因，对不同产生原因进行不同的处理方式，从人、物、方法、工艺、工序等方面进行讨论，并产生改进意见，再根据这些改进意见使施工工序进入下次循环。

2）施工质量控制体系运转的保证

项目领导班子成员应充分重视施工质量控制体系的运转正常，支持有关人员开展的围绕质保体系的各项活动。

配备强有力的质量检查管理人员，作为质保体系中的中坚力量。

提供必要的资金，添置必要的设备，以确保体系运转的物质基础。

制定强有力的措施、制度，以保证质保体系的运转。

每周召开一次质量分析会，以使在质保体系运转过程中发现的问题进行处理和解决。

开展全面质量管理活动，使本工程的施工质量达到一个新的高度。

3）施工质量控制体系的落实

施工质量控制体系主要是围绕"人、机、物、环、法"五大要素进行的，任何一个环节出了差错，都会使施工的质量达不到相应的要求，故在质量保证计划中，对施工过程中的五大要素的质量保证措施必须予以明确地落实。

（1）"人"的因素。施工中"人"的因素是关键，无论是从管理层到劳务层，其素质、责任心等的好坏将直接影响到本工程的施工质量。对于"人"的因素的质量保证措施主要是从人员培训、人员管理、人员评定来保证人员的素质。

在进场前，我们将对所有的施工管理人员及施工劳务人员进行各种必要的培训，关键的岗位必须持有效的上岗证书才能上岗。在管理层积极推广计算机的广泛应用，加强现代信息化的推广。在劳务层，对一些重要岗位必须进行再培训，以达到更高的要求。

在施工中，既要加强人员的管理工作，又要加强人员的评定工作。人员的管理及评定工作应是对项目的全体管理层及劳务层，实施层层管理、层层评定的方式。进行这两项工作其目的在于使进驻现场的任何人员在任何时候均能保持最佳状态，以确保本工程能顺利完成。

（2）"机"的因素。现代的施工管理，机械化程度的提高为工程更快、更好地完成创造了有利条件。但机械对施工质量的影响亦越来越大，故必须确保机械处于最佳状态。在施工机械进场前必须对进场机械进行一次全面的保养，使施工机械在投入使用前就已达到最佳状态。而在施工中，要使施工机械处于最佳状态就必须对其进行良好的养护、检修。在施工过程中我们将制定机械维护计划表，以保证在施工过程中所有的施工机械在任何施工阶段均能处于最佳状态。

（3）"物"的因素。材料是组成本工程的最基本的单位，亦是保证外观质量的最基本单位，故材料采用的优劣将直接影响本工程的内在及外观质量。"物"的因素是最基本的因素。为确保"物"的质量，必须从施工用材、周转用材进行综合地落实。

（4）"环"与"法"的因素。"环"是指施工工序流程，而"法"则是指施工的方法。在本工程的施工建设中，必须利用合理的施工流程，先进的施工方法，才能更好、更快地完成本工程的建设任务。在本《施工组织设计方案》中，已对施工流程及施工方法作了介绍，其具有先进性、科学性和合理性，但在施工过程中能否按其中的有关内容进行全面落实，才是确保本工程施工质量的关键。只有建立良好的实施体系、监督体系才能按既定设想完成本工程的施工任务。

5.3 施工质量控制措施

施工质量控制措施是施工质量控制体系的具体落实，其主要是对施工各阶段及施工中的各控制要素进行质量上的控制，从而达到施工质量目标的要求。

1）施工阶段性的质量控制措施

施工阶段性的质量控制措施主要分为以下三个阶段，并通过这三个阶段对本工程各分部分项工程的施工进行有效的阶段性质量控制。

（1）事前控制阶段。事前控制是在正式施工活动开始前进行的质量控制，事前控制是指导。事前控制，主要是建立完善的质量保证体系、质量管理体系，编制质量保证计划，制定现场的各种管理制度，完善计量及质量检测技术和手段；对工程项目施工所需的原材料、半成品、构配件进行质量检查和控制，并编制相应的检验计划；参加设计交底、图纸会审等工作，并根据本工程特点确定施工流程、工艺及方法，对本工程将要采用的新技术、新结构、新工艺、新材料均要审核其技术审定书及运用范围。检查现场的测量标高，建筑物的定位线及高程水准点等。

（2）事中控制阶段。事中控制是指在施工过程中进行的质量控制，是关键。主要有：

完善工序质量控制，把影响工序质量的因素都纳入管理范围。及时检查和审核质量统计分析资料和质量控制图表，抓住影响质量的关键问题进行处理和解决。

严格工序间交换检查，做好各项隐蔽验收工作，加强交检制度的落实，达不到质量要求的前道工序绝不交给下道工序施工，直至质量符合要求为止。

对完成的分部分项工程，按相应的质量评定标准和办法进行检查、验收。

审核设计变更和图纸修改。

如施工中出现特殊情况，如隐蔽工程未经验收而擅自封闭，掩盖或使用无合格证的工程材料，或擅自变更替换工程材料等，技术负责人有权向项目经理或工程指挥部建议下达停工令。

（3）事后控制阶段。事后控制是指对施工过的产品进行质量控制，是弥补。按规定的质量评定标准和办法，对完成的单位工程，单项工程进行检查验收；整理所有的技术资料，并编目、建档；在保修阶段，对本工程进行维修。

2）各施工要素的质量控制措施

（1）施工计划的质量控制。在编制施工总进度计划、阶段性进度计划、月施工进度计划等控制计划时，应充分考虑人、财、物及任务量的平衡，合理安排施工工序和施工计划，合理配备各施工段上的操作人员，合理调拨原材料及各周转材料、施工机械，合理安排各工序的轮流作息时间，在确保工程安全及质量的前提下，充分发挥人的主观能动性，把工期抓上去。

鉴于本工程工期紧、施工条件不利，故在施工中应确定工程质量为本工程的最高宗旨。如果工期和质量两者发生矛盾，则应把质量放首位，但工期紧迫要求项目部内的全体管理人员在施工前做好充分的准备工作，熟悉施工工艺，了解施工流程，编制科学、简便、经济的作业指导书，在保证安全与质量的前提下，编制每周、每月直至整个总进度计划的各大小节点的施工计划，并确保其保质、保量地完成。

（2）施工技术的质量控制措施。施工技术的先进性、科学性、合理性决定了施工质量的优劣。发放图纸后，专业技术人员会同施工工长先对图纸进行深化、熟悉、了解，提出施工图纸中的问题、难点、错误，并在图纸汇审及设计交底时予以解决。同时，根据设计图纸的要求，对在施工过程中质量难以控制，或要采取相应的技术措施、新的施工工艺才能达到保证质量目的的内容进行摘录，并组织有关人员进行深入研究，编制相应的作业指导书，从而在技术上对此类问题进行质量上的保证，并在实施过程中予以改进。

施工员在熟悉图纸、施工方案或作业指导书的前提下，合理地安排施工工序、劳动力，并向操作人员做好相应的技术交底工作，落实质量保证计划、质量目标计划，特别是对一些施工难点、特殊点，更应落实至班组每一个人，而且应让他们了解这次交底的施工流程、施工进度、图纸要求、质量控制标准，以便操作人员心中有数，从而保证操作中按要求施工，杜绝质量问题的出现。

在本工程施工过程中将采用二级交底模式进行技术交底。

第一级为项目技术负责人根据经审批后的施工组织设计、施工方案、作业指导书，对本工程的施工流程、进度安排、质量要求以及主要施工工艺等向项目全体施工管理人员，特别是施工工长、质检人员进行交底。第二级为施工员向班组进行分项专业工种的技术交底。

在本工程中，将对以下的技术保证进行重点控制：

施工前各种翻样图、翻样单；

原材料的材质证明、合格证、复试报告；

各种试验分析报告；

基准线、控制轴线、高程标高的控制；

沉降观测；

混凝土、砂浆配合比的试配及强度报告。

（3）施工操作中的质量控制措施。施工操作人员是工程质量的直接责任者，故对施工操作人员自身的素质以及对他们的管理均要有严格的要求，加强操作人员质量意识的同时，应加强管理，以确保操作过程中的质量要求。

首先，每个进入本项目施工的人员均要求达到一定的技术等级，具有相应的操作技能，特殊工种必须持证上岗。对每个进场的劳动力进行考核，同时，在施工中进行考察，对不合格的施工人员坚决退场，以保证操作者本身具有合格的技术素质。

其次，加强对每个施工人员的质量意识教育，提高他们的质量意识，自觉按操作规程进行操作，在质量控制上加强其自觉性。

再次，施工管理人员特别是工长及质检人员，应随时对操作人员所施工的内容、过程进行检查，在现场为他们解决施工难点，进行质量标准的测试，随时指导达不到质量要求及标准的部位，要求操作者整改。

最后，在施工中各工序要坚持自检、互检、专业检制度，在整个施工过程中，做到工前有交底，过程有检查，工后有验收的"一条龙"操作管理方式，以确保工程质量。

（4）施工中的计量管理的保证措施。计量工作在整个质量控制中是一个重要的措施。在计量工作中，将加强各种计量设备的检测工作，并在指定权威的计量工具检测机构（经业主及监理同意）按公司的计量管理文件进行周检管理。同时，按要求对各操作程序绘制相应的计量网络图，使整个计量工作符合国家的计量规定的要求，使整个计量工作完全受控，从而确保工程的施工质量。

5.4　成品保护措施

成品保护是施工质量的关键一步，成品保护的职责、分工及具体的措施是落实成品保护的关键，因此，必须对成品保护工作从以下三个方面予以保证：

5.4.1　成品保护的职责

1）项目经理

组织对完工的工程成品进行保护。

2）项目技术负责人和施工员

制定成品保护措施或方案；

对保护不当的方法制定纠正措施；

督促有关人员落实保护措施。

3）材料员

对进场的原材料、构配件、制成品进行保护。

4）班组负责人

对上道工序产品进行保护；

对本道工序产品交付前进行保护。

5.4.2 成品保护的分工

（1）原材料存放、场内搬运的保护由材料员负责；

（2）加工产品在进场之前由加工车间保护，进场后由材料员负责保护；

（3）工序产品在验收之前，由该工序的班组负责人负责保护，验收后下道工序班组负责人负责保护；

（4）最终的工程产品由项目经理指定人负责保护，直至产品交付为止。

5.4.3 成品保护措施（略）

5.5 材料和设备质量保证措施

5.5.1 做好材料的检查、验收和复试工作（略）

5.5.2 加强材料、设备的质量管理

（1）坚持贯彻执行设备、材料的质量管理和检验制度，严格原材料、设备的检验、把关和控制；

（2）交付现场施工的各类材料及设备必须有出厂合格证或质保单；

（3）进入现场的原材料、外购件、外协件必须进行验收，没有出厂合格证或未盖合格章的不准进入现场使用；

（4）对材料、设备有一定的精密度的物件的订货、采购，必须由材料部门会同技术、质量部门的人员共同参与，以保证材料、设备的安装质量；

（5）对甲供设备、材料进场做好检测验收工作，妥善保管；

（6）设备、仪表的检验应按有关规定进行，交付安装前，应由设备检验和保管部门提供检验合格证和保管记录，对合格品要妥善存放，重点保管；

（7）工程竣工后，应及时提交与工程有关的材质证明书、材料合格证等。

6 安全文明生产保证措施

6.1 安全生产技术措施

6.1.1 安全生产目标

杜绝重大伤亡事故和火灾事故，争创××省建筑安全文明施工标准化工地。

6.1.2 安全生产管理体系

见安全管理体系图（略）。

6.1.3 安全生产技术措施

（1）按规定架设用电线路，设置配电箱，使用电器设备，必须使用"三相五线制"，做到"三级保护"。各种机具均应定期检查保养，电器设备必须装置可靠的安全防护装置，配电箱应装设触电保护器。机械操作应做到专人专机并经培训后上岗。

（2）按出厂说明和有关规定安装塔吊，限位装置必须齐全、可靠，塔吊作业时要有专人指挥。

（3）按《消防管理条例》加强施工现场的消防安全管理工作。现场成立安全防火小组。

整个工程施工期间，要加强消防安全工作。首先要做好现场明火审批工作，按规定办事。其次，各种易燃物质要加强管理，建筑垃圾特别是刨花、木屑类废料应及时清理，电焊机等设备的电线拉设要避开可燃性物质。施工中要专人负责消防，定期检查。

消防措施除底层设置两只消火栓外，每层设置一只消火栓、六只灭火器，现场消防工作做到以防为主，杜绝各类火警发生。

生活设施内均使用36V电压，严禁使用炉灶、电炉烘煮食物和灯具取暖。

6.1.4　安全技术交底

安全技术交底是为了加强技术管理，认真贯彻执行国家规定。制定操作规程和各项管理制度，是为了明确岗位责任制。除进行书面交底外，还应组织各班组召开技术交底会，对施工难点和重点进行讲解。技术交底分三级进行，即公司主任工程师向项目技术负责人、项目主要相关技术人员交底；项目技术负责人、项目主要相关技术人员向工长、班组长交底，对施工工艺难点、注意事项等做出书面及口头说明；工长、班组长向工人交底，做详尽的解释，说明工艺流程，具体操作部位及有关的规范要求等。交底要做到明确施工的质量目标、要求及其操作注意事项及控制点。

6.2　文明标化施工措施

6.2.1　文明施工目标

争取夺得省安全文明施工双标化优良工地、创市一流施工现场的良好形象是本工程施工目标。

6.2.2　文明施工网络

公司已制定了安全文明标化施工的实施办法。具体施工中除执行省、市有关标准外，还要按照公司的实施办法，结合工程的具体情况，按三级管理网络组织实施。

6.2.3　文明施工技术措施

（1）严格执行国标《建筑施工安全检查标准》（JGJ59—2011），并结合工程的具体情况，逐条对照，制定措施，逐条落实。同时，施工前对工地进行形象化设计，做到合理、适用、美观。

（2）加强现场的文明施工。严格按场布图施工，现场环境确保文明，做到场地整洁、道路畅通、排水顺利、材料堆放整齐。机械、电线、水管布置和维修要认真，有计划地进行。各种警戒牌要齐正，临设布置合理，内部整洁。

（3）施工现场除已有的墙体外，均砌砖墙围护，墙高2.5m，内外水泥砂粉刷，白色外墙涂料，墙上书写宣传标语。

（4）施工场地全部砼地坪硬化。

（5）在室外，工程概况牌、施工平面布置图、施工许可证、标语等均需上墙，并且齐全、醒目；在室内，进度计划、岗位职责、安全条例等也需上墙，而且布局合理。

（6）工人住宿实行宿舍化管理，做到内部整洁、规范。施工现场的厕所均按正规厕所要求设置，经市政部门同意，与市政排污管线接通，内墙瓷砖贴面，粪便自动冲洗。施工楼层内设置大小便桶，专人定时清扫。发现随处大小便者重罚，施工层内严禁住人。

（7）每天定时清扫现场，对撒落的建筑垃圾及材料随时清扫，保持施工现场内外的整洁。从现场出去的车辆特别是土方运输车辆，轮子均进行冲洗。建筑材料及机械严禁占道。

（8）自来水管线按场布图埋设并设置洗手池，同时设置排污铸铁管与市政管道沟通。现场砌污水沉淀池，基坑排水及工程污水经沉淀后再排向市政下水道。

（9）同政府有关部门及业主搞好关系，有问题本着为工程负责的原则妥善解决。

（10）教育全体施工人员遵守有关法律法规，文明自己的一切行为。项目从进场交底、分部分项交底到日常监督，都必须将文明施工作为一项主要的内容进行教育和监督，制止不文明行为，对教育不改者重罚。

（11）要发挥我公司施工的优势，合理组织施工，优化材料管理，编制施工材料及机械设备的长、中短期需求计划，特别是砂石料量，要精确计算，控制供应时间，备足白天用料。

7　环境保护保证措施

7.1　施工过程中的环境保护

环境保护是生态平衡的保证，是我国的重要国策。××市是一座闻名于世的旅游城市，本工程是××市的一个窗口，为了保持一个安静舒适的生活、工作和旅游环境，保护人民身体健康，促进社会经济发展，我公司将从以下几个方面重点抓好环境保护工作。

7.1.1　组织环境保护学习，建立环境监控体系

（1）认真学习环境保护法，执行当地环保部门的有关规定，并充分发挥项目经理部中环保组的作用，会同有关部门组织环境监测，调查和掌握环境状态，督促全体职工自觉做好环境保护工作，并认真接受业主和环保部门的监督指导。

（2）时常开展文明教育，使广大员工从思想上提高美化城市环境意识，督促施工人员遵守市民规范，现场施工人员统一着装，均佩戴胸卡，按人员类别、工种统一编号管理。

（3）建立环保工作自我监控体系，一方面采取有效措施控制人为噪音、粉尘的污染和采取技术措施控制污水、烟尘、噪音污染，同时协调外部关系，同有关环保部门加强联系，解决扰民问题。

7.1.2　对施工现场噪声的管理措施

1）工程使用机动车的噪声控制

（1）工程使用的机动车辆必须保持技术性能良好、部件紧固、无刹车尖叫声，必须

安装完整有效的排气消音器。行车噪声要符合国家机动车允许噪声标准。

（2）工程使用的各种机动车辆，喇叭正前方2m处声级不准超过100dB，禁止使用气喇叭。在任何时间内，不准用喇叭叫人、叫门。

（3）施工现场生产加工区中噪音较大地点，如木加工棚，采取适当隔音措施。

2）施工生产中噪声的控制

（1）开工前，必须报送环境保护部门，按国家有关基本建设项目环境保护管理办法审批，防治噪声污染的设施，必须按相应的区域环境噪声标准进行设计。

（2）合理调节作息时间，尽量减少在夜间施工时间，不影响居民的正常休息。

（3）工艺上要求连续作业确需在夜间进行噪声大的作业时，必须持有环境保护部门发放的《夜间作业许可证》。

（4）严格控制人为噪音，进入施工现场不得高声喊叫，并尽量选用低噪音设备和工艺代替高噪音设备与工艺。

7.1.3 对施工现场扬尘污染的管理措施

（1）遵照国家及省市的规定，加强建筑（拆迁）工地文明施工的管理工作。

（2）建筑工地开工前，开发建设单位应当与工地所在地的区市容环境卫生管理部门签订环境卫生责任书，明确工地环境卫生责任。

（3）建筑垃圾、散体物料运输车辆的车厢应确保牢固、密闭化，严禁在装运过程中沿途抛、洒、滴、漏。工地应用砼硬化，出入口设置通畅的排水设施，并派专人冲洗运输车辆轮胎，保持出入口通道的整洁。

（4）结构外墙脚手架外侧满包密目绿色安全网，防止杂物、灰尘外散，形成环境污染，密目网拆除前应先清洗。

（5）不得随意抛掷旧料、废土和其他杂物。禁止野蛮装卸建筑废土、建筑垃圾和建筑材料，必须采取随拆随洒水，防止粉尘飞扬。

（6）工地渣土、建筑垃圾必须集中堆置，及时清运，空地应尽量绿化。

（7）建立健全工地保洁制度，设置清扫、洒水设备和各种防护设施；土堆、料堆要有遮盖或喷洒覆盖剂，防止和减少工地内尘土飞扬、物料或渣土外逸及废弃物及杂物飘散，并做到工地围挡外100m内无建筑污水外溢和建筑垃圾。有拌和机的地方要采取防尘措施。

（8）现场设食堂，并设垃圾外运车。

（9）每天专人清扫场内地坪及场外道路，时刻保持场内外清洁，防止灰尘飞扬。

（10）对进出场道路，不乱挖乱弃，旱季注重道路铺渣洒水养护，降低粉尘对环境的污染；雨季做好沟渠疏通，防止因雨水剥离道路造成污染。

（11）未经监理工程师同意的弃土场，不随意弃土；未经同意的取土场，不任意取土，确保沿线植被完好。

7.1.4 其他环境保护措施

（1）加强施工管理，实行文明施工，对环境有污染的废弃物，需排放时，必须经过处理，并经有关部门同意运到指定地点掩埋或销毁。

（2）在建筑物的四周设下水道，由专人疏通，确保建筑物外四周无积水，四周道路畅通、平整，各种物资整齐堆放。

（3）施工现场临时男女厕所设专用化粪池，室内隔断贴白瓷砖，墙面贴白瓷砖至1.5m高，地面贴防滑地砖，并吊平顶，定时启动水箱冲洗，有化粪池。

（4）对进出场的车辆机械采用高压水龙头冲洗车轮，确保离开工地的车辆上不能有泥土、碎片等类似物体带到公共道路上。

（5）保护现场周围原有城市绿化，并且在施工现场内空地尽量布置绿色植物。

（6）高层建筑设立活动厕所。

（7）工程竣工后，认真清理沿线杂物，拆除临建，并将上述垃圾弃至监理工程师指定地点。

7.2 施工、材料供应的环保性保证措施

7.2.1 施工环保保证措施

（1）对施工环境现状进行调查。

（2）对施工环境因素进行评估。

（3）推行可持续发展战略，改进、提高员工项目现场的环境保护意识。

（4）采取针对性措施避免对周围环境影响。

（5）夜间施工不扰民。

（6）施工现场废污水有组织排放，废弃物按规定处置，减少或消除排放污染物质。

（7）合理科学组织施工，降低资源消耗。

7.2.2 材料供应的环保保证措施

为确保施工所用工程材料在施工过程中及工程竣工后不产生环境影响，重点从以下各方面采取措施：

（1）工程材料在比质量、比价格、比服务的基础上，将环保性作为一个重要的考虑内容，由业主、设计、监理、施工四方共同考察确定材料环保性能。

（2）所有进场工程材料的质保单、规范规定有环保指标要求的，必须满足规范要求，并进入技术档案。

（3）所有进场工程材料规范规定有环保指标要求的，必须按规定取样复试其环保指标，并进入技术档案。

（4）对施工过程中有挥发性的材料（如油漆、涂料），施工现场必须有环保测试仪器，并设通风设备通风，将挥发性物质指标降低到规范规定的范围内。

（5）竣工后，由法定检测机构对室内外环境进行检测，达到规范规定允许值范围内方可入住。

8 进度保证措施

施工进度计划是施工过程中的一个重要指标，而计划编制的先进性，合理性将直接影响整个施工全过程，我公司拟定本工程投标工期为×××天（日历天）。

8.1　总体施工进度计划

本工程计划工期为×××日历天竣工，工期已包括施工图纸要求范围的全部工作内容，初步安排详见施工进度计划。

8.2　施工过程中保证工期的措施

为使该工程能够早日投入使用，本工程施工总工期考虑在×××天内全部完成。进场后先进行定位放样，具体施工控制及各工种之间的衔接详见施工计划网络图。为确保工程按期完成，采取如下措施：

（1）做好整个工程的施工部署，对整个施工过程进行合理拆分，实行分段验收，穿插施工，加快工程进度。

（2）抓紧前期准备。前期工作是确保工程各项工作顺利开展的基础，必须及早做好前期准备工作。

①做好进场准备工作，包括生活、生产设施的落实，临时施工道路、施工用水、用电的布置，机械设备的进场，与材料供应商的联系洽谈等。

②做好测量定位的准备工作，如测量器具的检定，测量控制网/点的布设等。

③认真学习图纸，抓紧进行图纸会审，提高图纸会审质量，尽量一次性解决图纸有关问题，以免影响施工。

④分清主次，突出重点。

（3）地下及上部主体结构阶段的保证措施。

①加大周转材料投入。主体结构阶段施工的关键是周转材料投入量大，故必须加大投入，以满足施工需要，加快施工进度。考虑到预应力的影响，本工程拟配备三套模板支撑体系，确保工程进度无周转材料之忧。

②加大劳动力投入。劳动力计划同基础阶段一样，按施工段所需配备足够数量的劳动力。

③加大机械设备投入。

④采用流水作业，提高工作效率。

⑤加强施工协调管理。在主体结构施工阶段，由于涉及预留预埋，因此必须做好与其他工种的配合协调工作，包括与安装工种的埋管、外装饰工种的预埋件等。

⑥延长每天的施工时间。每天实行两班工作制，确保每天的施工时间在 12h 以上。

（4）装饰阶段的保证措施。

①实行各工种间的穿插施工。

②实行节点控制。根据网络计划节点，与各操作班组签订责任状，加大奖罚力度。

③加大劳动力投入。

④加强施工协调。由于装饰阶段是多工种、多专业作业阶段，因此必须做好协调工作，避免各工种之间的施工冲突。

（5）加强计划工作，根据总进度要求，科学编制月、旬作业计划，明确月、旬所需劳动力人数。

（6）及时做好每道工序的复核、验收工作，防止工程质量事故所造成的返工、停工现象，做好天气、停电、停水的预报，合理安排工作。

（7）定期检查机械设备运输情况，排除事故隐患，保证机械正常运转，确保工程顺利施工。

（8）运用计算机管理技术。本项目实行计算机管理和电脑监控技术，运用先进的项目施工管理软件和施工管理平台，实行工程施工全过程的控制。

（9）做好各工种之间的协调配合施工，协调解决土建与各专业工种之间配合工作，以免影响工程进度。

（10）与各施工班组签订工期进度奖罚责任状，在责任状中明确双方工期责任，实行重奖重罚。

（11）实行节点管理法，对各施工班组进行节点管理。根据施工总进度计划中节点的最早完成时间和最迟完成时间，及时反馈给施工班组，并进行奖罚措施。

（12）实行月度考核制。每月月底由项目经理负责，对各施工班组进行进度考核，根据考核结果，按工期进度奖罚责任状的规定，在次月15日前进行兑现。

（13）定期召开施工协调会，每星期日下午，由项目经理负责召开施工协调会，参加人员包括各施工班组长、专业工种负责人及施工员等相关管理人员，会议将邀请业主代表和监理参加，解决各班组及专业工种在施工中的各种配合协调问题。

8.3 对分包单位及施工班组的专项控制措施

（1）做好各分包单位及施工班组之间的协调配合施工，协调解决各工序之间配合工作，以免影响工程进度。

（2）与各分包单位及施工班组签订工期进度奖罚责任状，在责任状中明确双方工期责任，实行重奖重罚。

（3）实行节点管理法，根据施工进度计划节点的最早完成时间和最迟完成时间，及时向各分包单位及施工班组提出计划要求和具体措施。

（4）实行月度考核制。每月月底由项目经理负责，组织各管理人员对各班组进行进度考核，根据考核结果，按工期进度奖罚责任状的规定，在次月15日前进行兑现。

（5）定期召开项目例会，每星期二晚上，由项目经理负责召开项目例会，参加人员包括管理人员、各分包单位项目经理及施工班组长，会议主要提出质量、进度、安全文明施工要求和签订节点部位任务单。

8.4 保证工期的专项管理措施

8.4.1 强化各级生产管理

（1）成立重点工程领导机构，由建设单位牵头，公司、分公司、项目经理部、主要配合协作单位的有关人员参加，其任务和职责是：

①施工前期每半个月一次，后期每周一次召开工程协调会，就施工中的有关生产、技术、质量及材料等各方面的问题进行协调，每次协调会形成纪要，下次协调会检查落实情况，以确保不影响进度。

②协调同外界有较大影响的横向关系，为工程提供一个良好的施工环境，避免大的干扰。

③立足工程全局，按工程进度网络图及形象进度计划，对工程的实施进度进行监督，分析可能影响工程进度的各种因素，做到有问题及时提出，及时解决，使工程始终处于良性循环中。

④及时解决和监督工程中的技术、质量、材料等方面的问题。

⑤及时协调总包与分包各施工单位之间的关系，有问题本着为总的工程负责的原则，互谅互让，协调解决。

（2）工程项目一级管理是最重要的一级管理，起着承上启下的关键作用，其任务和职责主要是：

①该工程工期紧，劳动力、机械设备、周转材料是确保工程进度的前提，必须分阶段制订计划，按计划配给，并合理调配和使用，做到稍有富余，但又要避免窝工等浪费；按工程网络计划，安排各工种搭接，对月、旬、日周密安排，负责现场日常工作。

②执行各分部分项工程旬进度计划，编制月进度计划，并认真执行按期完成。

③对各类生产班组进行计划进度、质量技术、安全、文明施工等交底工作，并认真做好各种台账。

④做好各分项工程的检查、评定和验收，及时通知监理单位、分公司质安科及监理公司参加工程的各种隐检。

⑤及时向分公司材料科和生产科提供材料和机械设备进场计划（包括甲供材料），以便分公司协调解决，不影响进度。

⑥严格执行公司、分公司的各项规章制度及工程领导机构的各项指令。

⑦严格按优良工程和文明标准化施工规定组织施工，协调和处理各种关系，确保文明施工。

（3）操作班组一级管理。

①项目施工员在以施工进度网络图和单线图为依据的基础上，按每个分项工程，分部位分析计算工程量和定额用工量，将进度分解到每个操作班组，确保每个部位的分项按时完成，只有这样，才能进一步确保分部和单位工程的进度要求。

②本工程实行各种形式的承包责任制（具体形式根据工种、进度等协商确定），实行层层承包，职责分明，责任到组，部位到人，每月进行部位、工程质量、文明施工考核，实行重奖重罚。

③由分公司党、政、工、团在现场组织形式多样的劳动大竞赛及各种技术比武，以推动进度、质量的进一步提高。

8.4.2 改变传统粗放型管理方式，严格网络施工

施工前，详细编制包括安装在内的网络计划图，按照网络的节点，分别计算出每一网络线路上的耗工量和耗料量，进行劳动力动态分析和材料定量分析，并绘制详细的劳动力动态分布图和材料计划表，实行定量施工。施工中，材料、机械设备及劳动力的使用方面都严格按网络施工，提出需求计划，使施工所需的劳动力、材料和机械设备处于均衡状态，既要满足快速施工需求，又可避免窝工，以合理的投入得到较大的产出。

8.4.3 改变传统的施工方法，采用国内先进的施工技术和"四新"成果

因装修施工一般比较复杂，而且穿插工序多，抢工势必造成一系列不良后果，影响装修质量，所以一个工程施工的快慢，关键是要确保结构施工的进度，而结构施工的快慢又主要取决于模板施工的速度，因此，必须改变传统的支模方法，采用先进的模板材料和支模技术。

为加快工程进度，根据该工程的特点，楼板拟采用大模板快速早拆模板体系支模方法，支模架在原钢管的基础上改造，使其能适用于快速拆模的要求，这样可大大减少支模、拆模的工作量，提高模板进度，进而提高结构施工速度。

8.4.4 打有准备之仗

充分认识到该工程施工的艰难性，做任何工作时，制订计划都要有一定的思想准备，做到有备无患，如劳动力组织、机械设备配置、材料供应，都要求在量和时间上留有一定的余地。

8.4.5 确保工期实施的具体措施

1）钢筋工程施工工期控制

（1）配全配足钢筋加工机械。

（2）钢筋在加工之前，应由钢筋翻样事先提供钢筋翻样单。

（3）优化钢筋施工方案，使钢筋工程和其他施工工序顺利搭接。

（4）钢筋工程配备足够的工作人员，使下道工序能够按计划进行。

2）砼工程施工工期控制

优化砼施工方案，使砼施工和其他工序顺利搭接，避免窝工。

3）模板工程工期控制

（1）在结构施工中，运用新工艺、新技术，加快施工速度。

（2）模板分区进行施工，且配备足够的木工，确保工程的顺利进行。

（3）优化模板施工工艺，使上、下工序顺利搭接。

（4）柱模、平台模、梁模板应分类放置，模板施工时，应按木工翻样进行施工。

4）对安装工程施工配合控制

优化安装施工方案，使各工序顺利搭接，管线预埋在土建施工过程中进行，其他管线加工、安装跟随土建进度。

5）加强安全管理和质量管理工作

建立健全安全生产体系和质量保证体系，建立定期的安全活动制度，经常对施工班组进行安全和质量方面的教育工作，发现问题及时纠正，避免出现返工、返修、窝工，防止重大伤亡事故的发生，做到交任务的同时进行质量和安全交底。

6）各专业分包单位工程，均应跟随土建工程，顺利进行

对专业分包单位工程所用的材料、设备加强计划性的管理，编制设备材料进场时间。对业主提供的特殊设备、材料同样进行验收，并将验收情况 24h 内书面通知业主。对其他设备材料定向定型采购订货，确保供应的及时性，减少浪费和延误工期现象。

9 工程技术管理

该工程的技术含量高，加强技术管理是工程实施的基础。

9.1 技术管理的任务

（1）保证施工过程符合技术规律要求，从而保证施工正常秩序。

（2）努力使施工过程中的各项工艺和技术建立在先进的技术基础上，以保证不断提高工程项目的施工质量。

（3）充分发挥材料的性能和设备的潜力，完善劳动组织，从而不断提高劳动生产率，降低工程成本，增加经济效益。

（4）保证科学技术充分发挥作用，不断提高施工现场的技术水平。

9.2 技术管理的职责

我公司采用三级技术管理体制，即公司总工程师、分公司主任工程师、项目技术负责人，构成公司技术管理系统。各级有不同的管理职责和权限。

（1）公司总工程师的主要职责。企业总工程师是企业的技术负责人，对公司的重大技术问题和技术疑难问题有权做出决策。

（2）分公司主任工程师的主要职责。

①全面负责分公司的技术工作和技术管理工作。

②主持编制和审定本单位承担的工程的施工组织设计，审批单位工程的施工方案。

③组织技术人员学习和贯彻执行各项技术政策、技术规范、规程、标准和各项技术管理制度。

④主持组织图纸会审和重点工程技术交底，处理审批技术文件。

⑤组织制定保证工程质量和安全生产、降低成本、加快进度的技术措施。

⑥主持主要工程的质量、安全检查，处理施工中的技术、质量和安全问题，领导本单位的全面质量问题，对施工生产中质量、安全负技术上的责任。

⑦参加技术会议，组织技术人员学习业务技术，开展技术安全教育，不断提高技术水平。

⑧负责技术改进、科研、技术措施计划的实施。

⑨及时提出技术总结，领导技术档案和技术资料的整理、原始资料的积累，组织描绘竣工图，定期移交和归档。

⑩负责复查单位工程测量定位、找平、放线工作，组织单位工程质量验收工作，参加隐蔽工程验收和分部分项工程的质量评定。

⑪组织编制保证进度、质量、安全和节约的技术措施计划，并贯彻执行。

（3）项目技术负责人的主要职责。

①参加编制和贯彻单位工程施工组织设计（施工方案），制定创优质工程的措施。

②检查单位工程测量定位、找平、放线工作，负责技术复核，组织隐蔽工程验收和分

161

部分项质量的评定工作。

③负责单位工程图纸审查、技术交底和其他技术准备工作，在设计交底会议上统一提出问题，做好修改变更会议记录签证工作。

④负责贯彻执行各项专业技术标准（如操作规程），严格执行工艺标准、验收规范和质量评定标准。

⑤负责有关单位工程的材料、构件检验工作，包括混凝土、砂浆试配。

⑥检查施工大样图与加工订货大样图，并核对加工件数量及进场日期。

⑦组织工程样板和参加新技术、新产品的质量鉴定。

⑧负责整理单位工程的原始技术资料，提出施工技术小结，汇总竣工资料并绘制竣工图。

⑨参加质量检查活动及竣工验收工作，负责处理质量事故。

⑩积极开展技术改进及合理化建议活动，实施技术措施计划。

9.3 技术交底管理

9.3.1 施工技术交底的内容
主要包括以下内容：

施工图交底；

施工组织设计及专项施工方案交底；

分部分项工程技术交底；

设计变更技术交底；

安全技术交底。

9.3.2 施工技术交底的进行程序
技术交底是为了加强技术管理，认真贯彻执行国家规定操作规程和各项管理制度，明确岗位责任制。除进行书面交底外，还应组织各班组召开技术交底会，对施工难点和重点进行讲解。技术交底分三级进行，即分公司主任工程师向项目技术负责人、项目主要相关技术人员交底；项目技术负责人、项目主要相关技术人员交底向工长、班组长对施工工艺难点、注意事项等做出书面及口头说明；工长、班组长向工人作详尽的解释，说明工艺流程，具体操作部位及有关的规范要求等，明确施工的质量目标、要求及其操作注意事项及控制点，每天对当天的施工作一个简单的布置和控制点、安全及内容、质量加以说明。

9.4 工程资料管理

9.4.1 资料管理的基本规定
技术资料收集、编制与工程项目施工进度同步。从工程签订合约及施工准备工作开始，即应开始进行资料的积累、整理、核查工作，工程竣工验收时完成工程资料的编制、归档工作。工程项目由建设单位分别向几个单位发包的，各承包单位负责承包工程的资料。交建设单位或建设单位委托的承包单位汇总整理。质量技术资料的填写必须符合现行的国家标准、规范、规程及有关规定，反映工程质量情况，做到内容真实可靠、数据准确、字迹清晰、签字手续完备、废除非法定计量单位。为便于工程资料的长期保存，根据有关档案要求，工程资料用不易褪色的书写材料书写、绘制。资料的整理装订，要求文字材料以 A4 纸规格为标准，采用城建档案管理处统一印制的表格和卷皮、盒，用棉线装订整齐。竣工图采用手风琴折叠，大小为 4 号图幅。每项工程质量技术资料一般要求三份，工程竣工验收后及时移交建设单位和城建档案馆，移交时，均需办理移交手续。

9.4.2 资料管理制度

1）实行工程资料核查制度

项目资料员负责对日常收集的质量技术资料进行核查；有权要求资料责任部门和人员提供有关资料；项目质检员对分项工程的质量技术资料负责核查，项目技术负责人对分部工程质量技术资料负责核查；在单位工程完工时，负责全面核查，认为符合要求后，该工程资料才能向公司质安科申报初验；公司质安科及档案室负责工程竣工验收前的核查工作，确认无误后，报公司总工程师核准，项目才能向市质监站提出工程核验。

2）实行工程资料检查评比制度

做好工程资料的编制，必须加强资料编制过程中的检查评比工作，不断总结提高编制水平。公司质安科对在建工程项目每季度组织检查评比一次，对做得好的项目通报表扬，对做得差的项目进行批评、整改。

9.4.3 工程档案文件及声像资料收集整理（略）

9.4.4 工程资料内容（略）

9.5 工程计量管理（略）

10 施工总平面布置

10.1 施工总平面布置原则

10.1.1 现场条件

本工程位置在市区，交通较为便利，但原场地为岩石爆破场地，高低落差大，平整度较差，且分布不均匀，所以在垫层施工时难度较大。

10.1.2 布置原则

根据本工程特点，结合现有的现场实际情况，确定平面布置原则如下：

（1）满足各个施工阶段的施工要求。

（2）各阶段的施工布置尽量能统一，不产生多次拆、搭或移地重建。

（3）在满足施工的条件下，尽量节约施工用地。

（4）在满足施工需要的安全和文明施工的前提下，尽可能减少临时建设的投资。

（5）材料堆场和加工棚尽量设置合理，减少场内二次搬运。

（6）场内的布局和交通布置尽量合理，避免道路阻塞和土建、安装及其他各工种间的相互干扰。

（7）符合施工场地内的卫生、安全、消防的规范。

（8）符合施工场地内的用电、用水规范，合理布置，满足施工要求的前提下尽量以节约为原则。

10.1.3 施工主要机具、设备布置方案

按总体部署及施工进度的要求，购置和配备必需的施工机械，解决施工中的垂直和水平运输及加工工作。计划在上部结构施工阶段布置 QTZ60 塔吊 1 台、井架 2 台。钢筋现场加工制作，现场搭设钢筋加工棚 1 处，配备钢筋切断机、弯曲机、对焊机。搭设木工加工棚 1 处各配备木工圆锯、平刨机等。砼采用商品砼。现场布置泵车和泵管。机具设备投入详见主要施工机具设备投入计划表（该表略）。

10.2 施工平面布置

10.2.1 总平面布置

根据工程设计总平图及现场踏勘，该工程的施工总平面布置可划分为办公生活区和生产区两大部分。详见平面布置图（略）。

在基础施工阶段，不考虑采用塔吊进行运输。而在上部结构施工时，塔吊若布置在建筑物南面，虽然地基基础能满足要求，但距离现场堆场太远，影响塔吊的运输量（引起多次运输）。而布置在建筑物北面，由于该部位土质均为回填土，塔吊的基础较难处理，因此考虑塔吊布置在建筑物内部庭院内的非地下室部位。具体位置详见总平面布置图（略）。

10.2.2 办公室、宿舍布置

办公室采用两层彩板活动房，设置会议室一大间，休息值班室一间，医护室一间，其余为办公室。

生活区宿舍采用两层活动房，每间房住宿 8 人，配置高低床、书桌、脸盆架及柜子等。

设置男女厕所、浴室、垃圾箱、茶水亭、吸烟室，并适量配置绿化。

10.2.3 施工各阶段平面布置

根据各施工阶段的特点和施工工艺，需要的机械设备不同，因而在各施工阶段的施工平面布置有所不同，但将尽量统一，使各个阶段都能通用，避免重复建设及重复投资，我们将分为以下三个施工阶段进行平面布置：地下室施工阶段、主体结构施工阶段、装饰及安装施工阶段。

（1）地下室施工阶段。应充分考虑上地下室施工需要，并结合上部结构要求布置。详见地下室施工阶段施工平面布置图（略）。

（2）上部结构施工阶段。结构施工时使用 1 台塔吊及 2 台井架，详见主体结构阶段施工平面布置图（略）。

（3）装饰施工阶段。装饰施工时，塔吊拆除，利用 2 台井架作为垂直运输工具。原钢筋加工区域改为材料堆场。详见装饰施工平面布置图（略）。

10.3 施工临时用电

10.3.1 用电负荷计算

本工程施工用电负荷主要在主体结构施工阶段，其余根据现场施工机械配置计划表，

用电荷载计算如下：

$$P = 1.05 \times \left(K_1 \sum P_1 / \cos\varphi + K_2 \sum P_2 + K_3 \sum P_3 + K_4 \sum P_4 \right)$$

其中：P——供电设备总需容量(kW)；

$\sum P_1$——电动机额定功率(kW)；

$\sum P_2$——电焊机额定功率(kW)；

$\sum P_3$——室内照明容量(kW)；

$\sum P_4$——室外照明容量(kW)

因为 $K_1 = 0.6$，$K_2 = 0.5$，$K_3 = 0.8$，$K_4 = 1$，$\cos\varphi = 0.75$

$\sum P_1 = 265\text{kW}$

$\sum P_2 = 185\text{kVA}$

$\sum P_3 = 45\text{kW}$

$\sum P_4 = 23\text{kW}$

$P = 1.05 \times (0.6 \times 265/0.75 + 0.5 \times 195 + 0.8 \times 45 + 1 \times 23) = 345(\text{kVA})$

所以，甲方需提供 350kVA 容量电源方可满足要求。

另外，现场配备柴油发电机，以备停电时使用。

10.3.2 配电线路布设

根据现场实际情况，为确保安全生产，室外部分采用电缆均穿套管敷设，楼层干线在电缆沟内预埋套管，电缆穿在管内，每层设置一只二级分配电箱。临时设施内固定用电器电缆穿在护套管内，不得外露。室内照明线路电线采用 PVC 护套管，室内临时照明线路采用三芯橡胶电缆。

10.3.3 配电箱及开关箱

变电房配电屏与现场供电系统间必须设置隔离开关，以便检修，并安装电度表，作为计量。施工现场设置总配电间，架空线路送至总配电箱，配电箱和开关箱需由专业生产厂家生产，并有合格证明。

现场施工用电实行三级配电、三级保护。配电箱应尽可能放置在干燥通风处，室外电箱要有挡雨措施。配电箱、开关箱应安装端正、牢固，移动式配电箱、开关箱应装在紧固的支架上。固定式配电箱和开关的底距地面应大于 1.3m，小于 1.5m。移动式配电箱、开关和底距地面应大于 0.6m，小于 1.5m。分配电箱应设置在荷载较为集中的区域，分配电箱距开关的距离不大于 30m。开关箱与其控制的用电设备的水平距离不大于 3m，配电箱和开关箱周围应有两人可同时工作的空间，不得堆放其他物品。配电箱、开关箱内的工作零线应与接线端子板连接，并应与保护零线端子板分设。配电箱、开关箱的金属箱体、金属电器安装板以及箱内电器不应带电的金属底座、外壳等必须做保护接零，保护零线应通过接线端子板连接。配电箱、开关箱内的连接线应采用绝缘导线，接头不得移动，不得有外露有电部分。配电箱、开关箱导线的进出线口设在箱体的下底面，进出线应加护套分路成束，并做防水弯，导线束不得与箱体进出口直接接触。移动式配电箱和开关箱的进出线必须用橡皮绝缘电缆。动力配电箱与照明配电箱应分别设置。所有配电箱应标明编号、名称、用途，并做分路标记。所有配电箱门应配锁，由专人负责。

1）总配电箱

总配电箱应采设总隔离开关和分路隔离开关、总熔断器和分路熔断器。本工程分路隔离开关设置四路，在钢筋对焊机、塔式起重机分别设置，其他分一路，装设漏电保护器，若漏电保护器同时具备过负荷和短路保护功能，则可不设分路熔断器，总开关电器的额定值应与分路开关相适应。总配电箱设置漏电保护器，其额定漏电动作电流不得小于75mA，额定漏电动作时应小于0.1s。

2）分配电箱

分配电箱应安装总隔离开关和分路隔离开关以及总熔断器和分路熔断器。分路隔离开关的数量应由该分配电箱控制用电设备的数量来决定。分配电箱和各分路应安装漏电保护器，其开关的额定值应与相应开关箱额定值相适应，分配电箱漏电动作电流不得大于50mA，额定漏电动作时间应小于0.1s。

3）开关箱

每台用电设备应有各自专用的开关箱，就近设置，距用电设备水平距离不大于3m。做到一机一闸一保，并设有过载保护装置，禁止用同一个开关电器直接控制两台或两台以上设备。开关箱内的开关电器必须能在任何情况下都可以使用电设备与电流实行隔离。开关箱中必须装设漏电保护器，其开关的额定值与用电设备相适应。开关和漏电动作电流不得大于30mA。额定漏电动作时间应小于0.1s。照明用开关箱应单独设置，也应实行一闸一保。

10.3.4 用电机械设备和手电动工具

施工现场所使用用电机械设备和手动电动工具，均应符合国家标准、专业标准和安全技术规程，且要有产品合格证和使用说明。用电机械设备安装必须由专业电工负责安装，非专业人员不得安装和拆除用电电器设备。电动机械要做好保护接零，但其电源线必须选用无接头的多股铜芯橡皮套软电缆，其中，黄/绿双色线在任何情况下只能用于保护零线或重复接地线。电焊机进线处必须设有防护罩。

10.3.5 照明

现场施工用照明必须装设单独的照明开关箱，不能与动力电箱混合使用，施工区照明采用橡胶电缆。办公区照明用护套线或用铜芯线加套管及穿墙用套管护套，灯头线可用绞织线。

1）施工区照明

在主体结构施工阶段，在塔吊或井架上各安装一盏3.5kW镝灯，用于大面积照明。局部照明采用1kW碘钨灯照明，增加光照明度。主体结构完成后，砖墙和粉刷阶段采用碘钨灯照明。室内上、下从各单体楼梯通行。

2）办公、生活区照明

办公室、仓库、宿舍等均采用220V电压作为照明，每间装设一只插座。

10.3.6 施工现场的修理和维护

施工现场用电由项目专业电工全面负责管理和维护。所有配电箱、开关和应标明名称用途、统一编号，在配电箱内标明分路标记，方便维修。所有配电箱、开关门均应上锁，配电箱由专业电工负责，开关箱由用电设备操作人员和电工负责。施工现场停止作业1小时以上或下班时，应将开关箱断电上锁。

配电箱、开关箱应保持清洁，不得放置杂物。对每只配电箱、开关箱应建立维修记录本，并每月进行检查、维修一次，并登记在卡，检查、维修人员必须是电工。检查、维修时，必须按规定穿戴绝缘鞋、手套，且应将前一级相应的电源断电，并悬挂停电检修标志牌，严禁带电作业。

10.4　施工用水

10.4.1　施工临时用水量计算

本工程施工临时用水为工程施工用水、施工机械用水、生活和消防用水四个部分。

(1)施工用水 q_1(L/S)：以最高峰期为最大的用水量。

$$q_1 = K_1 \sum Q_1 \times N_1 K_2 / (8 \times 3600)$$

式中：K_1——未预计的施工用水量系数，取1.15;

K_2——用水不均衡系数，取1.5;

Q_1——日工程量，砌砖40m³/天，砼浇捣数量1200m³/天;

N_1——施工用水定额，每立方砌体全部用水量200L/m³，养护用水量300L/m³。

$$q_1 = 1.15 \times (40 \times 200 + 1200 \times 300) \times 1.5 / (8 \times 3600) = 22.04(\text{L/s})$$

(2)机械用水量 q_2(L/s)：

$$q_2 = K_1 \sum Q_2 N_2 K_3 / (8 \times 3600)$$

式中：N_2——施工机械台班用水定额(查相关手册)。

Q_2——同一种机械台数(台)。

K_3——施工机械用水不均衡系数，取1.5。

$$q_2 = 1.15 \times (300 \times 1 + 20 \times 4) \times 1.5 / (8 \times 3600) = 0.02(\text{L/s})$$

(3)施工生活用水 q_3(L/s)：

$$q_3 = P_1 N_3 K_4 / (8 \times 3600)$$

式中：P_1——现场高峰施工人数，按500人计;

N_3——生活用水定额，按30L/人计;

K_4——施工现场用水不均衡系数，取1.3;

$$q_3 = 500 \times 30 \times 1.3 / (8 \times 3600) = 0.95(\text{L/s})$$

(4)办公区用水量 q_4(L/S)：

$$q_4 = P_2 N_4 K_5 / 24 \times 3600$$

式中：P_2——办公区居住人数，按100人计;

N_4——用水定额，按20L计;

K_5——生活区用水不均衡系数，取2;

$$q_4 = 100 \times 20 \times 2 / (24 \times 3600) = 0.05(\text{L/s})$$

(5)消防用水 q_5(L/s)：消防用水量为10L/s。

(6) 总用水量 Q(L/s)：

$$q_1 + q_2 + q_3 + q_4 = 22.04 + 0.02 + 0.95 + 0.05 = 23.06 > q_5 = 10 (L/s)$$

$$Q = 23.06 + 10/2 = 28.06 (L/s)$$

(7) 供水管径计算：

$$d = \sqrt{\frac{4Q}{1000\pi V}} = \sqrt{\frac{4 \times 28.06}{1000 \times 3.14 \times 3}} = 0.11 (m)$$

计算结果表明，甲方提供 DN100 水源能满足施工要求。

10.4.2　施工用水管线布置

用水总管从源头到现场，呈树枝状布置，管线全部采用埋地敷设，过道路处采用 C20 混凝土护管。施工用水布置详见施工平面布置图（略）。

10.5　施工场地管理

施工现场由施工员和材料员负责管理，根据各施工阶段，施工员制订施工场地平面布置计划，材料堆放位置和各分送单位、各工种占用时间计划，并递交各有关人员落实执行，材料员负责保持施工现场整洁卫生，建筑垃圾指定位置堆放并及时外运。按照项目安全生产、文明施工创标方案，定期和不定期组织检查，落实整改，并依照奖罚条例予以奖罚，与经济挂钩，时时维护场地的整洁卫生。

10.6　临时设施用地表

临时用地表

用途	建筑面积（m²）	位置	需用时间
办公用房	432	场地东北面围墙边	开工至竣工
工人宿舍	864	场地西南面	开工至竣工
木工车间	100	厂房北面	开工至竣工
钢筋车间	100	厂房北面	开工至主体结顶
活动房	72	场地西南面	开工至竣工
浴室 \ 厕所	72	生活区	开工至竣工
材料堆场	400	生产区	开工至竣工
合计	2040		

11　主要技术经济指标（略）

参 考 文 献

[1] 彭圣浩．建筑施工组织设计实例应用手册．第 2 版．北京：中国建筑工业出版社，1995.

[2] 北京土木建筑学会．建筑施工组织设计与施工方案．第 2 版．北京：经济科学出版社，2005.

[3] 李桂青，杨志勇．工民建专业毕业设计手册．武汉：武汉理工大学出版社，1997.

[4] 杨和礼．土木工程施工．武汉：武汉大学出版社，2003.

[5] 胡兴国．建筑力学．第 2 版．武汉：武汉理工大学出版社，2004.

[6] 胡兴国．结构力学．第 4 版．武汉：武汉理工大学出版社，2012.

[7] 胡兴国，王逸鹏．建筑工程现场监理工作实务．武汉：武汉大学出版社，2013.

[8] 建筑施工手册．第 4 版．北京：中国建筑工业出版社，2003.

[9] 建筑工程施工质量验收统一标准（GB50300—2011）.

[10] 建筑施工安全检查标准（JGJ59—2011）.

[11] 《建设工程施工质量验收统一标准》（GB50300—2011）.

[12] 《砌体工程施工质量验收规范》（GB50203—2011）.

[13] 《混凝土结构工程施工质量验收规范》（GB50204—2002，2011 年版）.

[14] 《屋面工程质量验收规范》（GB50207—2002）.

[15] 《地下防水工程质量验收规范》（GB50208—2011）.

[16] 《建筑装饰装修工程施工质量验收规范》（GB50201—2001）.

[17] 《建筑给水排水及采暖工程施工质量验收规范》（GB50242—2002）.

[18] 《通风与空调工程施工质量验收规范》（GB50243—2002）.

[19] 《建筑电气工程施工质量验收规范》（GB50303—2002）.

[20] 《混凝土强度检验评定标准》（GB/T50107—2010）.

[21] 《建设工程质量管理条例》（2000）.

[22] 《建设工程安全生产管理条例》（2004）.